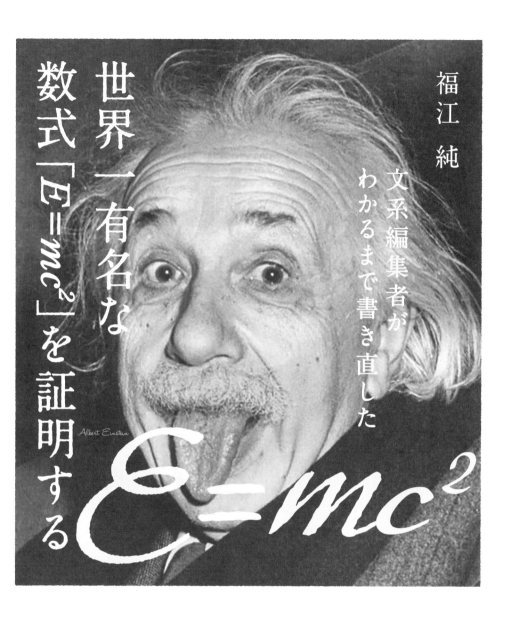

福江　純

文系編集者がわかるまで書き直した

世界一有名な数式「E＝mc²」を証明する

Albert Einstein

$E=mc^2$

日本能率協会マネジメントセンター

はじめに

　本書は、世界一有名といわれる数式「$E = mc^2$」を、多くの人に実際に導いてもらうために、初歩の初歩から解説したものだ。

　その目的のため、以下の方針で書き進めた。

① 予備知識を前提としない

　数学的な準備も含め、ごくごく基本的な事柄についても説明を加え、本書だけで「$E = mc^2$」を理解できるように書いた（つもり）。

② 読者の目線で説明する

　編集の渡辺さんは根っからの文系で、高校以来数学から遠ざかっていたそうだ。そこで、原稿を読んでもらい、最初の読者としてさまざまな疑問点や導出で引っかかる点などを指摘してもらった。多くのコメントを何度もいただいて、初期の原稿を大幅に2回リライトしたので、文系読者の方にも読み通していただける内容になった（はず）と思う。

③ 知識の定着を図る

　もっとも、説明を読んだだけだと、一瞬わかったつもりになっても、すぐに忘れてしまいがちだろう。そこで、手を動かして導いてもらうために、ところどころに問題をつけた。自ら問題を解くことで導出などの理解が深まり、知識も定着すると思う。ぜひ、実際に問題を解いてみてほしい。問題の解答も付けたので、参考にしてほしい。

④「$E = mc^2$」の導出に必要な事柄をメインにする

　相対論は「$E = mc^2$」が導かれる「特殊相対論」に限っても、その内容は非常に多岐にわたる。目的をはっきりさせるため、本書では「特殊相対論」全般の内容は扱わず、「$E = mc^2$」の導出に必要な事柄を中心に内容を絞り込んだ。もっとも、多少趣味的に、周辺のトリビア的な話題も盛り込んだ。

⑤ 歴史的背景も説明する

　また緩急をつけるため、「$E = mc^2$」の導出には直接には関係ないが、相対論にいたるまでの歴史的な背景についても随所で触れた。

＊

　とまぁ、かなり大上段ではあるが、以上の方針に従って、本書の各章は次のような構成にした。

　序章では、「$E = mc^2$」を含め、科学を読み書きするための基礎的事項を、国語的側面、数学的側面、物理的側面、天文的側面からまとめた。ここは著者の嗜好や意見が入っていて、ここだけでも独立に読める、ちょっと変わった内容になっているかもしれない。

　第1章では、特殊相対論の主舞台である「時間」と「空間」について整理し、「運動」や「座標変換」について説明する。キーワードは座標変換だ。

　第2章と第3章では、古典的なニュートン力学における、「力」と「運動の法則」を整理し、また「質量」と「エネルギー」を考え（結局は、どちらもよくわからないが）、さまざまな「保存則」をまとめた。

　第4章からはいよいよ特殊相対論の内容だ。第4章では、「光速度不変の原理」と物理量としての「時空」を取り扱う。ここでは「同時の相対性」にも触れた。また続いて第5章では、時空の変換、いわゆる「ガリレイ変換」と「ローレンツ変換」を導き、さらに「速度の変換」も導く。

　第6章では、「ミンコフスキー時空図」と「時空における幾何学」を詳解した。数式だけで「$E = mc^2$」を導くことはできるのだが、やはり目に見える形に表すことは大事だ。目に見える図としてミンコフスキー時空の幾何学を導入することで、相対論への理解がはるかに深まるだろう。

　第7章は光に関する変換の章だ。ここでは、いわゆる「ドップラー効果」と、「$E = mc^2$」の導出に必要な「光行差」を説明する。

　以上の準備に基づいて、最後の第8章では、いよいよ「$E = mc^2$」の導出を行う。

＊

　なにせ特殊相対論の問題だから、「$E = mc^2$」の導出には複雑な数学が必

要かなと心配されるかもしれないが、実は、根号（√）と三角比と微分の基本が必須なぐらいで、高校で習う数学レベルである。また、さまざまな変換が出てきて、数式の連続に怯んでしまいそうになるかもしれないが、これも実はたんに煩雑なだけで、1つひとつを丁寧に追ってもらえば、いつの間にか最後の行になっている（はずだ）。高校卒業後に数学から遠ざかっていた社会人の方は頭の体操と思って読んでもらえればいいだろう。また微分や三角比についても説明してあるので、現役の高校生はもちろん、中学生の人にも十分理解できる内容だと思う。読者のみなさんの手で実際に「$E = mc^2$」を導出してもらい、「相対論といっても実はそんなに難しくないんだ」と思ってもらえれば、本書の役目は果たせたと思う。

＊

本書の企画を立てられ、多くの有用なコメントをしていただいた日本能率協会マネジメントセンターの渡辺敏郎さんには、深く感謝いたしたい。また本書を手に取られた読者の方々には最大級の感謝を捧げたい。

2020年7月3日
吉田山麓にて
福江 純

目次

第 4 章
物理量としての時空

第 5 章
時空と速度の変換

第6章

時空図と相対論の幾何学

第7章
ドップラー効果と光行差（光の変換）

第8章
$E = mc^2$ の証明

序 章

本書を読み解くための準備

（基礎知識、補足、備忘録）

本章の概要

　宇宙を表現するための言葉や用語、手段について、いろいろなレベルでやや辞書的羅列的にまとめておく。最初にざっと目を通しておいてもらってもいいし、とりあえず、Part II の宇宙の話へ急いで、わからない言葉や表現が出たときに、この Part I へ立ち戻ってもらってもいいだろう。

本章の流れ

　まず 1 で、何はともあれ科学的な文章を書き表す際に重要となる言葉や記号の意味や表現、そして科学分野でよく使われるギリシャ語の文字など、国語的な準備を行う。

　次に 2 で、科学の言葉ともいわれる数学について、基本的な数の表現や基本的な関数など、ごく初歩的な数学的な準備を行う。

　そして 3 で、数学的な数とは異なる物理で扱う物理量や物理量の単位など、物理的な表現を整理しておく。

　最後に 4 で、天文学の分野に特有の諸記号や業界用語などをざっとまとめる。

● この章に出てくる数式

指数関数 $\quad y = e^x = \exp(x)$

三角関数 $\quad \sin\theta,\ \cos\theta,\ \tan\theta$

微　分 $\quad \dfrac{dy}{dx},\ f'(x),\ \dot{f}(t)$

積　分 $\quad S = \int f(x)\,dx$

波の周期 $\quad T = \dfrac{1}{\nu}$

波の速度 $\quad v = \lambda\nu$

科学は「数学」という言葉で綴られるものではあるが、そのためにはまず、日本語に加え英語やギリシャ語のアルファベット、そして数学記号まで含めた国語の読み書き力が必要である。本書では高等数学は必要ないが、やはり基本的な関数や簡単な微積分は使うので、その復習もしておきたい。さらには、物理学や天文学を読み書きするための基礎知識についても、トリビア的なものも合わせてここでまとめておこう。

1 国語（記号）の準備

まず最初に、国語的というか、言葉や記号に関して予備知識や雑多な話を紹介しておく。

◎科学の言葉と源流

科学[1]のすべては「数学」という言葉で綴られている。しかし、数学という言葉で綴られた科学の内容を読み書きし伝えるためには、当然ながらまずは国語（日本語）の読み書き力が不可欠である。したがって「科学の読み書き力」とはつまるところ、1に「国語の読み書き力」、2に「数学の読み書き力」などがあって、そのあとでようやく「諸科学の読み書き力」を身に着けることとなる。

なお、近・現代科学は16世紀から18世紀にかけて主にヨーロッパで発展し、20世紀初頭の相対性理論と量子力学の完成をもって一段落した。科学的な思考という観点からは、西洋科学の源流はギリシャ時代の「自然哲学」が発祥地だと考えられる。

ギリシャ自然哲学は、思弁のみによって自然界を理解しようとする学問だったが、実験的手法を導入したガリレオ以降その有様は大きく変わり、

1　この「科学（science）」とは日本でつくられた言葉で、「諸科の学」という意味から、明治時代に造語されたものだ。社会・自由・権利、哲学・物理学・化学・天文学などと同様、明治時代につくられた言葉である。

自然科学や物理学 physics（ギリシャ語の自然 physis から）が生まれた[2]。

　ちなみに、英語の science は、ラテン語[3]のスキエンチア（scientia ＝知識）に由来し、並立語はヒトの学名（Homo sapiens）にも使われるサピエンチア（sapientia ＝智慧）だ。すなわち、本来は「知識」と「智慧」とが並び立っていたのだ。単に知識を積み重ねるだけでは科学は進歩しない。科学が進歩し飛躍するためには、知識を使いこなすための智恵も不可欠なのである。

ギリシャ語	episteme	sophia
ラテン語	scientia	sapientia
英語	knowledge	wisdom
日本語	知識	智慧

◎ギリシャ語のアルファベットと読み方・書き順

　数式は英数字と数学記号で綴られるが、現代数字の起源はアラビア語である一方、英語のアルファベット[4]の起源はギリシャ語である。また定数や変数の表示にも、英語だけでなくギリシャ語がよく使われる。したがって、数式を読み書きするためには、ギリシャ語もひととおりは読み書きできた方がベストだ[5]。

2　ただし、今日でも源流の自然哲学から、科学の博士号を「哲学博士」（Ph.D ＝ Doctor of Philosophy）の称号で呼ぶことがある。

3　ラテン語はローマ時代の公用語で、今日でも英語の学名（たとえば、Homo sapiens）は古い言葉であるラテン語で命名する約束になっている。同じような理由で、和名の学名は「ひらかな・カタカナ」を用いるのが慣例である。たとえば、乙女座ではなく、おとめ座と表記するのが正しい。

4　そもそも、アルファベットという言い方自体、ギリシャ語の α（アルファ）と β（ベータ）に由来する。

5　英語のアルファベットは書き順も含め学校できちんと習うが、ギリシャ語については習う機会がない。そのため、研究者でも μ と ν を読み違える人が少なくない。また β や δ や σ の書き順を知らない人もいる。

図序．1　ギリシャ語のアルファベットの読み方と用例

大文字	小文字	読み方	用例
A	α	アルファ	α線、赤経α
B	β	ベータ	β崩壊
Γ	γ	ガンマ	γ線、比熱比γ
Δ	δ	デルタ	微小量Δ、赤緯δ
E	ε	イプシロン	偏平率ε
Z	ζ	ゼータ	Zガンダム
H	η	エータ	効率η
Θ	θ	シータ	極角θ
I	ι	イオタ	
K	κ	カッパ	吸収係数κ
Λ	λ	ラムダ	波長λ、宇宙項Λ
M	μ	ミュー	μ中間子
N	ν	ニュー	振動数ν、νガンダム
Ξ	ξ	クシー	無次元化変数ξ
O	ο	オミクロン	くじら座ο星
Π	π	パイ	円周率π
P	ρ	ロー	密度ρ
Σ	σ	シグマ	ステファン・ボルツマン定数σ
T	τ	タウ	固有時間τ
Υ	υ	ウプシロン	
Φ	φ	ファイ	方位角φ、重力ポテンシャルφ
X	χ	カイ	ペルセウス座h－χ星団
Ψ	ψ	プサイ	ポテンシャルψ
Ω	ω	オメガ	角振動数ω、角速度Ω

※なお、生成は、ABが先で、崩し字のαβが後

アルファ	ベータ	ガンマ	デルタ	イプシロン
ゼータ	イータ	シータ	イオタ	カッパ
ラムダ	ミュー	ニュー	クシー（クサイ）	オミクロン
パイ	ロー	シグマ	タウ	ウプシロン
ファイ	カイ	プサイ	オメガ	

ほとんどの小文字は一筆で書く。たとえば、βは左下から書き始めて円を描くように右側を書く（13のように分けて書かない）。δは円の上から反時計回りに書いて上の右端で止める。σは円の上から時計回りに描いて上の髭を延ばす（反時計回りに描いて髭を後付けしない）。

◎数学記号

　＋－×÷などの基本的な数学記号は学校で学ぶが、研究現場では学校で学ばない数学記号や、学校とは違う記号なども出てくる。たとえば「≒（ほぼ等しい）」は大学以上では使用されない。代わりに「～（だいたい等しい）」が使われる。応用として、不等号記号「＞」「＜」の下に「～」を組み合わせ、

$$≳：「＞」＋「～」＝「だいたい等しいか少し大きい」$$
$$≲：「＜」＋「～」＝「だいたい等しいか少し小さい」$$

となる。

　ベクトルも、後述するように矢印は使わず、ゴシック体で表す。

　また本書では使わないが、1階のベクトル的偏微分を表す「∇（古代竪琴 nabla に似た形からナブラと呼ばれる）」とか、2階の偏微分を表す「Δ（デルタ）」、さらに時間まで入れた2階の偏微分を表す「□（ダランベルシアン）」などという記号もある。さらに、「☆（星型）」や「＊（アスタリスク）」などの記号もある。

◎定数と変数

　定数（constant）や変数（variable）は、一般に英語やギリシャ語のアルファベットで表す。

　たとえば、通常の定数はabc、通常の未知量や座標はxyzがよく用いられる。また、半径（動径・radius）はr、時間（time）はt、質量（mass）はMやm、エネルギー（energy）はEやeなど、英語の綴りの頭文字になっていることも多い。

　波長（wavelength）はλ、密度（density）はρなど、英語の頭文字ではなくギリシャ語のアルファベットが割り当てられていることも多いが、割り当てる文字はおおむね決まっている[6]。

6　ギリシャ語のλは英語のlに相当する文字で、すでにLやlが長さなど別の意味で多用されていることから、λになったようだ。

さらに、光速度（speed of light）は c、万有引力定数（gravitational constant）は G、プランク定数（Planck constant）は h などというように、物理定数の記号もだいたい約束事で決まっている[7]。

　定数や変数の記号に関するこれら暗黙のルールを知っているだけでも、文脈や式の意味が俄然わかりやすくなるはずだ。

　ただし、定数や変数の数は多いので、当然アルファベットだけでは足りない。そこで1つのアルファベットにいくつかの意味を割り当てざるを得ない。たとえば、γ（ガンマ）は高エネルギー電磁波の γ 線、熱力学的な量の比熱比 γ、相対論的性質を表すローレンツ因子 γ などに使われるので、前後の文脈で判断しなければならない。

　またあまり明記されていないが[8]、科学業界では、文字の書体（フォント）に関しても暗黙の了解事項がある。すなわち、

ローマン体（立体）：　　通常の文字（言葉）に使う

　　　　　　　　　　　　例：velocity、force

イタリック体（斜字体）：定数や変数に用いる（ただし、ギリシャ語の変数は立体）

　　　　　　　　　　　　例：速さ v、力 F、波長 λ

ボールド体（太字）：　　ベクトルなどに使う

　　　　　　　　　　　　例：速度ベクトル **v**、ベクトル的な力 **F**

スクリプト体（筆記体、花文字）：特殊な定数や変数

　　　　　　　例：因子 $\mathcal{ABCDEFGHIJKLMNOPQRSTUVWXYZ}$

　さらに、このルールは添え字にも適用される。たとえば、

$$F_\mathrm{i} \text{ と } F_i$$

7　ちなみに、光速度を表す c は、速いを意味するラテン語の celeritas の頭文字から取られている。また、プランク定数 h はプランクが導入したものだが、補助量を意味するドイツ語（Hilfsgröße）の頭文字である。

8　自著を除いて。ぼく自身の経験と、30年ぐらい前に、日本天文学会の学術誌『PASJ』の手引きを作成した際に編集人から聞いた話、いわば口伝である。

の違い（前者は添え字 i がローマン体、後者は添え字 i がイタリック体）は何だろうか。…たとえば、イオン（ion）にかかる力の場合は添え字はローマン体の i にするし、i 番目の力の場合は添え字はイタリック体の i にする。

問題①

変数 n_i と n_i の意味を推察せよ。

◎文としての数式

数式に関する国語学的注意をもう少し述べておきたい。

学校の教科書などはかなり無頓着なので、数式は単独で存在しているようなイメージがあるかもしれない。とくに、文章内の数式ではなく、文が改行されて新たに立ててある数式などは、そこだけ記号の塊に見えるだろう。それが余計に数式を恐ろしげな呪文に見せている。

しかし、数式はあくまでも文章の一部であり、文章中の数式はもちろん、改行して「立てた」数式にも文章の一部とみなし、必要に応じて句読点[9]を付ける。

9　数式で文が終わる場合はピリオドを、文は続くが区切りがある場合はコンマを付け、そして途切れなく続く場合は句読点は付けない。もっとも大学向けの教科書では付けているが、本書ではそこまで厳密にはしていない。

解 答①

　両方とも個数（number）か個数密度を表していると思われるが、前者はたとえば i 番目（i 種）の粒子の個数密度で、後者は ion など特定の名前をもつ粒子の個数密度だと推察される。

英語での数式の読み方の例：

$2 + 3 = 5$　　Two plus three is equal to five.

$2 - 3 = -1$　　Two minus three equal minus one.

$2 \times 3 = 6$　　Two times three is equal to six.

　　　　　　　Two multiplied by three is six.

$2 \div 3 = 0.66$　　Two over three equals o point 66.

　　　　　　　Two divided by three is o point 66.

$x = 2.72 \times 10^9$　x equals two point seven two times ten to the ninth power.

$$x = \frac{-b \pm \sqrt{b^2 - 4ac}}{2a}$$

　　　　　　　x equals minus b plus-minus the square root of b squared minus 4ac over 2a.

$a > b$　　a is greater than b.

$a \leq b$　　a is less than or equal to b.

問 題②

　$4 \times 10^6 + 10^7 = 1.4 \times 10^6$ という式を英語で読んでみよ。

Four times ten to the six plus ten to the seven equals one point four times ten to the six.

2 数学的準備

数や数式などの数学的な基礎について少し述べておこう。

◎大きな数の表現

科学の世界ではしばしば大きな数字を取り扱う必要が生じる。宇宙の年齢が約138億年というぐらいならまだ感じがつかめても、宇宙の年齢を秒数で表すと約43京6千兆秒だ、といわれたらもうダメだ。アラビア数字を並べれば、それぞれ、

13800000000 年
436000000000000000 秒

となるが、これではますますダメである。これは科学者であっても変わらない。

そこで大きな数を表す場合には、数字の意味情報と桁とを分けた**指数表示**が使われる。指数表示では上記はそれぞれ、

1.38×10^8 年
4.36×10^{17} 秒

となる。

指数表示は小さい数にも適用できて、$1/10$ を 10^{-1} として、

1 ナノ秒 = 10億分の 1 秒 = 10^{-9} 秒

などとなる。

19

英語での指数の読み方の例
a^2 : a squared
a^3 : a cubed
a^4 : a to the fourth (power)
a^{-4} : a to the minus four
$a^{1/3}$: a to the one-third

 問 題③

$4 \times 10^6 + 10^7$ の値はいくらか。

 問 題④

$4 \times 10^6 \times 10^7$ の値はいくらか。

◎指数関数と対数関数

　指数表示を関数にまで拡張したものが、**指数関数**（exponential function）で、その**逆関数**[10]（inverse function）が**対数関数**（logarithmic function）となる。本書では対数はあまり出てこないが、それぞれ簡単に説明しておこう。

10　たとえば、$y = x^2$という2次関数があったとき、xとyを入れ替えて$x = y^2$と置き、yについて表した$y = \sqrt{x}$ をもとの関数の逆関数と呼ぶ。図形的には、逆関数同士は$y = x$の直線に対して対称となる。

解答③

$4 \times 10^6 + 10^7 = 1.4 \times 10^7$ ……指数部分を揃えて足す

解答④

$4 \times 10^6 \times 10^7 = 4 \times 10^{13}$ ……指数部分を足すだけでよい

問題⑤

$y = x^2$ とその逆関数をグラフに描いてみよ。

(1) 指数と指数関数

数字（たとえば10）の肩に小さな数字（たとえば a）を置いたものを**指数**（exponent）と呼び、ベースになる数字10は**底**（base）と呼ぶ。たとえば、

$$10^n$$

この指数が自然数だと、10がその数だけ掛け合わされた意味（指数表示）になるが、自然数である必要はなく、一般に指数は実数でよい。

以下の図のようになる。

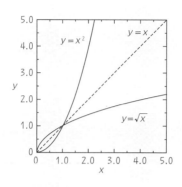

指数の性質として、

$10^0 = 1$

$1/10^a = 10^{-a}$

$10^a \cdot 10^b = 10^{(a+b)}$

$10^a / 10^b = 10^{(a-b)}$

$(10^a)^b = 10^{ab}$

などが成り立つ。

　また肩の数字（上の a）を変数とみなしたものを、**指数関数**（exponential function）と呼ぶ。たとえば、指数を x、関数値を y とすると、底を10とする指数関数は、

$$y = 10^x$$

と表される（図序．3）。

　底は常に10とは限らない。科学の世界で多用されるのが、**自然対数の底** e（base of natural logarithm）：

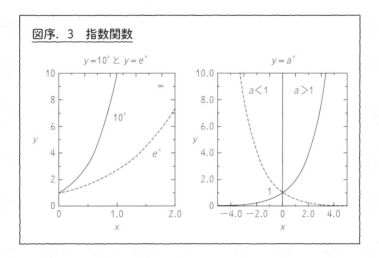

図序．3 指数関数

$$e = 2.71828\cdots$$

を底とする指数関数である（図序．3）。

$$y = e^x = \exp(x)$$

◎三角関数

　直角三角形の三角比に基づく関数を**三角関数**（sinusoidal function）と呼ぶ。三角関数は周期関数なので、周期的な自然現象の場面では頻繁に出現する。また自然現象の解析でもよく登場する。本書で出てくる座標変換でも必要な場合がある。

　図序．4のように、辺 c が斜辺で、辺 a と辺 b に挟まれた角が直角である直角三角形を考えよう。そして辺 b と斜辺 c に挟まれた角を θ と置く。このとき、辺 abc の長さと角度 θ は無関係ではない。言い換えれば、これらの値を勝手に置くことはできない。

　まず、直角三角形なので、辺 abc の長さの間には、

$$c^2 = a^2 + b^2$$

というピタゴラスの定理が成り立つ。したがって、abc のどれか2つを与

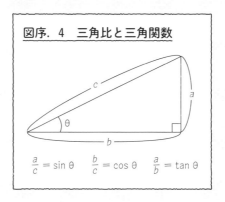

図序. 4　三角比と三角関数

$$\frac{a}{c} = \sin\theta \quad \frac{b}{c} = \cos\theta \quad \frac{a}{b} = \tan\theta$$

えれば、ピタゴラスの定理が成り立つ範囲で[11]、残りの辺の長さも決まり、直角三角形は確定される。さらに直角三角形が確定すれば、角度 θ の値も一意に定まる。

　逆に、角度 θ を与えた場合、直角三角形なので残りの角度の大きさも決まり、直角三角形の相似形は定まる。すなわち、角度 θ を与えた場合、辺 abc の絶対的な長さは決まらないが、長さの比は一意に定まる。

　この角度 θ と辺の比率が一対一の関係にある性質を使った関係が**三角比**（trigonometric ratio）の基本である。

　すなわち、基本的な三角比（三角関数）としては、斜辺 c と辺 a の比率を角度 θ の**正弦**（sine）と定義し、斜辺 c と辺 b の比率を角度 θ の**余弦**（cosine）、辺 b と辺 a の比率を角度 θ の**正接**（tangent）と定義して、それぞれ、

$$\frac{a}{c} = \sin\theta, \quad \frac{b}{c} = \cos\theta, \quad \frac{a}{b} = \tan\theta$$

と表す。これが正弦関数・余弦関数・正接関数の定義である。

　同じことだが、言い方を逆にすれば、角度 θ を与えたとき、角度 θ の正弦とは斜辺 c と辺 a の比率であり、角度 θ の余弦とは斜辺 c と辺 b の比率で、角度 θ の正接とは辺 b と辺 a の比率という意味である。

11　辺 c と辺 c より大きな値の辺 a を与えたりすると、ピタゴラスの定理を満たせなくなるので、そのような直角三角形はつくれない。

24

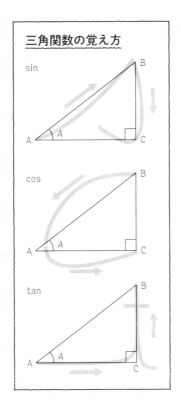

三角関数の覚え方

sin

cos

tan

図序. 5　三角関数の具体的な値の例

θ	0°	30°	45°	60°	90°
$\sin\theta$	0	$\dfrac{1}{2}$	$\dfrac{\sqrt{2}}{2}$	$\dfrac{\sqrt{3}}{2}$	1
$\cos\theta$	1	$\dfrac{\sqrt{3}}{2}$	$\dfrac{\sqrt{2}}{2}$	$\dfrac{1}{2}$	0
$\tan\theta$	0	$\dfrac{1}{\sqrt{3}}$	1	$\sqrt{3}$	∞

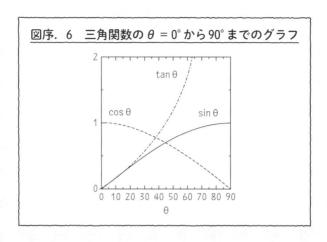

図序. 6　三角関数の θ = 0°から90°までのグラフ

　三角関数としては、θ が負の場合や90°以上の場合も定義できるが、本書ではとくに必要ないので、θ が0°から90°の範囲だけで考える。

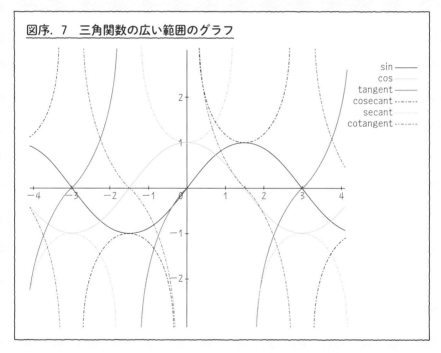

図序. 7　三角関数の広い範囲のグラフ

◎簡単な微積分

　一変数（x）の関数（y）は $y = f(x)$ と表される。変数 x の値が変化し

たときに、x を用いて表された式（関数）y の値が決まることから、x を**独立変数**（independent variable）、y を**従属変数**（dependent variable）と呼ぶ。自然現象を表す関数は、多くの場合どこでも微分可能な連続関数である[12]。

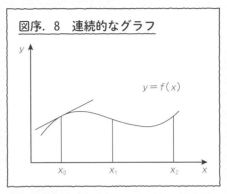

図序. 8　連続的なグラフ

関数・函数　function
$y = f(x)$：y equals f of x.

　指数関数や三角関数などはすでに出てきたが、関数の例をいくつか挙げておこう。

[基本的な数学関数]
　abc は定数とする。
定数関数　$y = c$
1 次関数　$y = ax + b$
2 次関数　$y = ax^2 + bx + c$
1 次無理関数　$y = \sqrt{ax + c}$
2 次無理関数　$y = \sqrt{ax^2 + bx + c}$
（以上は x の代数式で表されるので代数関数と呼ぶ）

12　本書では簡単にするために 1 変数の関数のみを考えるが、自然現象は 3 次元の空間と 1 次元の時間が舞台なので、自然現象を表す関数は一般には、3 次元の空間座標 (x, y, z) と 1 次元の時間 (t) を独立変数とする、多変数関数 $f(x, y, z, t)$ になっている。また空間内での速度や力のように、関数自体がベクトルになっていることも多い。

指数関数　$y = e^x$
三角関数　$y = \sin(x)$、$y = \cos(x)$、$y = \tan(x)$

[自然界の物理量を表す関数]

時間 t の関数としての位置座標[13]　$x = x(t)$

時間 t の関数としての速度[14]　$v = v(t)$

時間 t の関数としての加速度[15]　$a = a(t)$

時間 t の関数としてのある場所の密度　$\rho = \rho(t)$

密度の関数としての圧力[16]　$p = p(\rho)$

温度の関数としての熱エネルギー　$E = E(T)$

速度の関数としてのローレンツ因子　$\gamma = \gamma(v)$

(1) 微分〈微分は傾き！〉

　関数の微分（differentiation, derivative）とは、関数の変化の度合い（変化率）を表しているが、ひと言でいえば、関数の傾きに他ならない。

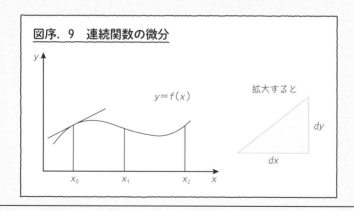

図序. 9　連続関数の微分

13　常に x が独立変数で y が従属変数になるわけではない。時間の関数としての座標では、独立変数は時間 t であり、座標 x が従属変数になる。

14　単純な数学関数でない物理量の場合は、物理量を表す用語（この場合は速度 velocity）の頭文字が変数名になることが多い。

15　加速度（acceleration）の頭文字になっている。

16　時間の関数としての密度の関数としての圧力のように、関数が入れ子になることも多い。いわゆる合成関数と呼ばれる。

たとえば、$y = f(x)$ という関数を考えたとき、独立変数 x の値が x から $x + dx$ に増えたとき、従属変数 y の値が y から $y + dy$ に変化したとする。このとき、増加量 dx は x に比べて十分に小さく、dy も y に比べて十分に小さいとする。関数がどのような変化をしていても、dx や dy が、x や y に比べて十分に小さければ、(x, y) の近くで、関数の変化はほぼ直線で近似できるので、関数の傾き、すなわち微分は、dy を dx で割った値になることは明白だろう[17]。

微分については、1章の3で、速度や加速度と関連して、再度ていねいに説明する。

なお、特定の点 x_0 における微分（微分係数という）は、

$f'(x_0)$, $\left.\dfrac{dy}{dx}\right|_{x=x_0}$ のように表され、任意の x における微分（導関数という）は、

$\dfrac{dy}{dx}$、$f'(x)$、$\dot{f}(t)$ のように表される。

微分	differentiation, derivative
微分の	differential
微分する	differentiate
導関数	derivative
微分係数	differential coefficient
	$dy/dx = 3$：dy dx equals three.
	$y' = dy/dx$：y prime equals dy dx.
	y''：y double prime

▼微分記号

$f'(x)$ はライプニッツが使い始めた。

また、$\dot{f}(t)$ はニュートンの時間微分によく使われる。

---

17 通常の数学では、いったん微小量 Δx を導入し、

$$f'(x) = \lim \frac{f(x + \Delta x) - f(x)}{\Delta x} = \frac{\Delta y}{\Delta x} = \frac{dy}{dx}$$

のような極限として微分を定義するが、最初から微小量 dy/dx の比で決めても問題はない。

(2) 積分〈積分は足し算！〉

　関数の**積分**（integration, integral）とは、微分すればその関数になる関数のことだが、図形的にはその関数で囲まれる領域の面積を表しており、面積はひと言でいえば、微小幅をもつ短冊の足し算に他ならない。

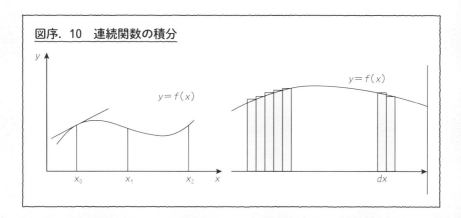

図序. 10　連続関数の積分

　たとえば、$y = f(x)$ という関数を考えたとき、独立変数 x の位置において、横幅が微小幅 dx で高さが y の細長い短冊に切り分けると、短冊の面積 dS は、

$$dS = ydx = f(x)dx$$

となる。そして、ある範囲で関数をこのような短冊に切り分けたとき、その領域の面積は細長い短冊の面積の和になる。和の記号 Σ [18] を使うと、面積 S は、

$$S = \Sigma f(x)dx$$

となる。関数は曲線で短冊は上面でギザギザしていて多少は誤差があるが、短冊の幅を十分に狭くすると誤差も無視できるぐらい小さくなる。そのときの面積 S を、

18　和の記号 Σ は、和（summation）の頭文字 s を表すギリシャ語の文字。

19　積分記号 $\int$ は s を上下に引き延ばしたもの。

$$S = \int f(x)\,dx$$

と表すことにする[19]。

　なお、積分の範囲が、下限 x_1 から上限 x_2 と確定している積分（定積分と呼ぶ）は、$F = \int_{x_1}^{x_2} f(x)\,dx$ のように表される。また積分範囲が確定してない積分（不定積分と呼ぶ）は、$F(x) = \int f(x)\,dx$ のように表される。ここで、$F(x)$ は原始関数、$f(x)$ は被積分関数と呼ばれる。

積分	integration, integral
積分の	integral
積分する	integrate
不定積分	indefinite integral
定積分	definite integral
原始関数	primitive function
被積分関数	integrand
	IC integrated circuit　集積回路
	IR interated resort　　統合型…
	$\int f\,dx$: the intergral of f dx

▼積分記号

　積分記号の $\int$ は英字の S（sum）を引き延ばした形からきている。

問題⑥

　基本関数と、その微分および積分を書き出してみよ。

解答⑥

図序.11のとおりである。

図序.11　基本関数と、その微分および積分

基本関数	微分	積分
x^n	nx^{n-1}	$\dfrac{1}{n+1}x^{n+1}$ （ただし $n \neq -1$）
$\dfrac{1}{x}$	$-\dfrac{1}{x^2}$	$\log|x|$
e^x	e^x	e^x
e^{ax}	ae^{ax}	$\dfrac{1}{a}e^x$
a^x	$a^x \log a$	$\dfrac{a^x}{\log a}$
$\log x$	$\dfrac{1}{x}$	$x \log x - x$
$\sin x$	$\cos x$	$-\cos x$
$\cos x$	$-\sin x$	$\sin x$
$\tan x$	$\dfrac{1}{\cos^2 x}$	$-\log|\cos x|$

x^n：x to the nth (power)

$1/x$：one over x

x^{-1}：x inverse

a^x：a to the xth (power)

オイラーの公式　Euler's formula

$e^{i\theta} = \cos\theta + i\sin\theta$

オイラーの公式の微分

$ie^{i\theta} = -\sin\theta + i\cos\theta$

オイラーの等式　Euler's identity

$e^{i\pi} = -1$

オイラーの等式は、自然対数の底（ネイピア数）e と虚数単位 i と円周率 π を結びつける単純な数式で、しばしばもっとも美しい数式と呼ばれる。姉妹書『世界一美しい数式「$e^{i\pi} = -1$」を証明する』に詳しく証明のしかたが紹介されている。

序章

3　物理的準備

　物理量や単位そして波動など、物理関係の基礎概念について、少しばかり述べておこう。

◎物理量の単位と次元

　自然界に存在する事物や現象に関する量は、原理的には測定・観測が可能で、**物理量**（physical quantity）と呼ばれる。数学で扱う抽象的な数や量と、自然界に実在する物理量との違いは、物理量は必ず**単位**（unit）／**次元**（dimension）を持ち、

物理量＝数＋単位

という形で表現されることである。また、ここでいう次元とは、3次元空間などの数学的次元の意味ではなく、単位を包括するような、個々の物理量の属性を表す表現である。

```
単位と次元の違い
            単位                    次元
[長さ]  m、cm、mile、尺        L (Length)
[質量]  kg、g、貫             M (Mass)
[時間]  s、時                T (Time)
[角度]  °、ラジアン           0 (次元としては0)
```

単位は時代によっても国によってもさまざまであったが、現在では**国際単位系／SI 単位系**[20]が世界中で広く[21]使われている。

◎単位の接頭辞

10の整数乗倍を表す SI 接頭語（SI prefix）は、M（メガ）と m（ミリ）のように紛らわしいものや、n（ナノ）のように最近よく耳にするもののピンと来ないものなどある。大文字で書くか小文字で書くかもきちんと決まっていて、km（キロメートル）の k（キロ）は必ず小文字で書かなければならない[22]。

SI 接頭語を表に示す。大きな数や小さな数で語源を一文字ぐらい変化させているのは、混同しにくくするためだ。

20　SI 単位系は、フランスで生まれたメートル法に準拠して、1960年にパリで開催された第11回国際度量衡学会で採用された国際単位系である。英語だと、international system で IS になりそうな気がするが、SI = Le Système International d'Unités とフランス語の略語が SI なのだ。

21　SI 単位系がフランス起源のメートル法に準拠して決まったためかどうか、アメリカは SI 単位系を採用していない唯一の大国である。

22　エッ、コンピュータの情報量の KB（キロバイト）は大文字じゃないかって？　本来、k は1000を表す接頭語だが、2進数のコンピュータ数学では1024バイトを1 KB とするので、微妙に違うため大文字になったらしい。

図序．12　単位の接頭辞

読み方（接頭辞）	記号	値	語源	
ヨッタ（yotta）	Y	10^{24}	otto	イタリア語の8にyを付けた
ゼッタ（zetta）	Z	10^{21}	sette	イタリア語の7のsをzに変えた
エクサ（exa）	E	10^{18}	hexa	ギリシャ語の6からhを抜いた
ペタ（peta）	P	10^{15}	pente	ギリシャ語の5からnを抜いた
テラ（tera）	T	10^{12}	teras	ギリシャ語の怪物
ギガ（giga）	G	10^{9}	gigas	ギリシャ語の巨人
メガ（mega）	M	10^{6}	megas	ギリシャ語の大きい
キロ（kilo）	k	10^{3}	khilioi	ギリシャ語の1000
ヘクト（hecto）	h	10^{2}	hekaton	ギリシャ語の100
デカ（deca/deka）	D/da	10	deka	ギリシャ語の10
デシ（deci）	d	10^{-1}	decimus	ラテン語の10
センチ（centi）	c	10^{-2}	centum	ラテン語の100
ミリ（milli）	m	10^{-3}	mille	ラテン語の1000
マイクロ（micro）	μ	10^{-6}	mikros	ギリシャ語の小さい
ナノ（nano）	n	10^{-9}	nanos	ギリシャ語の小人
ピコ（pico）	p	10^{-12}	pico	スペイン語の少し
フェムト（femto）	f	10^{-15}	femten	デンマーク語、ノルウェー語の15
アット（atto）	a	10^{-18}	atten	デンマーク語、ノルウェー語の18
ゼプト（zepto）	z	10^{-21}	sept	ギリシャ語の7のsをzに変えた
ヨクト（yocto）	y	10^{-24}	okto	ギリシャ語の8にyを付けた

◎主な単位と由来など

　国際単位系 SI（Le Systeme International d'Unites）では、長さ（m）、質量（kg）、時間（s）、電流（A）、温度（K）、物質量（mol）、光度（cd）の7**基本単位**を使うことが、1960年の国際度量衡総会で策定された[23]。他の物理量の単位はすべて、これらの基本単位の組み合わせで表現でき、**組立単位**と呼ばれる。

23　長さ（cm）、質量（g）、時間（s）を用いる cgs 単位系というものもある。古い学問である天文学では、しばしば平気で cgs 単位系を使う。

▼ SI 単位系の基本単位

長さ m（メートル）

質量 kg（キログラム）

時間 s（秒）

電流 A（アンペア）

温度 K（ケルビン）

物質量 mol（モル）

光度 cd（カンデラ）

▼ SI 単位系の組立単位の例

力 N（ニュートン）＝ kg m s^{-2}

エネルギー J（ジュール）＝ kg m^2 s^{-2}

仕事率 W（ワット）＝ J/s ＝ kg m^2 s^{-3}

▼単位は半角あけて立体で表記する

　10 km、10000 K、

▼複数の単位をつけるときは注意

　kg m s^{-2}　◎

　kg m/s^2　○

　kg・m/s^2　○

　kg m/s/s　×

（1）長さの単位

　国際単位系 SI で長さの基本単位は**メートル** m（meter）だ[24]。言葉の由来はギリシャ語の $\mu\varepsilon\tau\rho o\nu$ ＝ metron（尺度、測定する）から、フランス語の metre になり、英語へ転化した。

　このメートルを基準とする「メートル法」は、フランスで1791年に布告、

24　天文学でよく使う cgs 単位系では、長さの基本単位はセンチメートル（cm）である。光の波長など非常に短い長さでは、ナノメートル nm（＝ 10^{-9} m）やオングストローム Å（＝ 10^{-10} m）も併用する。

1795年に立法化された。このときの「メートル」は地球を基準として、地球の周囲がキリのいい4万kmになるような長さとして人為的に決めた尺度だ。しかし技術が進展して測定精度が上がると、たとえば光速の値の有効数字がどんどん長くなるなど不具合が生じてきた。そこで現在では自然そのものの性質を基準に単位を決める方向だ。

1983年に策定された現在の定義では、1mは光が真空中を2億9979万2458分の1秒間に進む距離に等しいとする。

$$1\,\mathrm{m} = 真空中の光速度 \times 1/299792458\ 秒$$

この結果、真空中の光速度は定義値として、

$$真空中の光速度\ c = 299792.458\ \mathrm{m/s}$$

となった。人間が自分本位で勝手に決めた単位（m）を諦めて、自然本来の単位（c）を尊重することにしたわけだ。

メートルで表すと大きな数になってしまう、天体間の距離に見合った単位としてつくられたのが、「天文単位」「光年」などである。

このうち**天文単位** au（astronomical unit）は、太陽と地球の平均距離で、具体的には、

$$1\ 天文単位（au）= 1.49597 \times 10^{11}\ \mathrm{m}$$

とする。太陽系の広がり程度の比較的近場の天体スケールでは、天文単位がよく使われる。冥王星軌道の半径が$6 \times 10^{12}\ \mathrm{m}$というよりは、冥王星軌道の半径は約40天文単位だといった方が、もちろん太陽系のイメージが浮かびやすい。

星の世界になると天文単位でも表しにくく、光の到着年数をもとにする**光年** ly（light year）が使われる。具体的には、

$$1\ 光年 = 光速度 \times 1\ 年 = 9.46 \times 10^{15}\ \mathrm{m}$$

である（1 auのざっと10万倍）。たとえば、太陽を除いて、もっとも近い恒星であるケンタウルス座α星までの距離は約4.3光年だし、銀河系の半

径はだいたい3万光年で、さらにお隣のアンドロメダ銀河M31までの距離は約230万光年となる[25]。

(2) 質量の単位

国際単位系 SI では、質量の基本単位は**キログラム** kg（kilogram）だ[26]。言葉の由来は、ギリシャ語の gramma（文字、小さな重さ）からフランス語の gramme になり、英語の gram へ変化した。

質量の単位である kg は、100年以上にわたり、国際キログラム原器と呼ばれる1 kg の白金イリジウム合金を基準としていた。これも人為的なものであり、質量の単位も m と同様に自然界に準拠して決めようという議論があり、2018年の国際度量衡総会で新しい定義が採択され、2019年5月から適用された。新しい定義では、量子論の定数であるプランク定数[27]を定義値として、

$$\text{プランク定数 } h = 6.62607015 \times 10^{-34} \text{ J s}$$

と定め、この値をもとに、質量の単位を定義する。すなわち、秒 s が決まっているので、プランク定数を確定すれば、後述するエネルギーの単位 J（ジュール）が決まる。そしてエネルギーの単位が定まれば、まさに本書の主題である「$E = mc^2$」を用いて、質量の単位が確定するのである。

星などの天体は質量が大きいので、グラムやキログラムはもちろん、トンで表しても大変な数になってしまう。ならば、星自身を質量の単位にしてしまおうということで、母なる太陽の質量（**太陽質量**（solar mass）と呼ぶ）を単位として測る：

$$1 \text{ 太陽質量} = 1.99 \times 10^{30} \text{ kg} = 1.99 \times 10^{33} \text{ g}$$

さらに、いちいち「太陽質量（英語だと solar mass）」と書くのも煩わし

25　アンドロメダ銀河から出た光が地球まで到着するのに約230万年かかるわけで、言い換えれば、現在見ているアンドロメダ銀河は約230万年前の姿だということになる。

26　cgs 単位系では、質量の基本単位はグラム（gram）である。

27　プランク定数は光子のエネルギー E と振動数 ν の関係にも出てきて、$E = h\nu$ となる。

いので、太陽質量を表す単位記号は、質量を意味する M に太陽を意味する⊙を添え字で付けて、

$$M_{\odot}$$

としている。

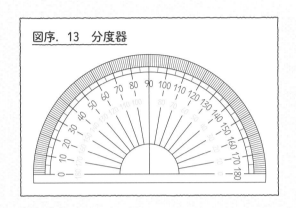

図序.13　分度器

(3) 時間の単位

　国際単位系 SI では、時間の基本単位は秒 s（second）だ[28]。漢字の「秒」という字は「稲の穂先」の意味から転じて、微小なものの意味になった。秒の上の単位で1時間を60分割した単位が分（minute）だ。この「分」という字は「刀で切り分ける」という意味の会意形声文字である。英語のminute は中世ラテン語の minuta prima（第一の小さな部分）に由来する。すなわち、60進法で分割したとき、最初の60分の1の部分を意味する。さらに次の60分の1の分割、minuta secunda（第二の小さな部分）からsecond が生まれた。角度でも分や秒が使われるが、順序としては、角度の1°を60分割していった minute（分）と second（秒）が先で、それが時間にも使われるようになったものである。

　年や月や日などの時間単位は、もともとは、太陽や月や地球の周期的な動きをもとに定められた。そして、60進法で数えて、1日を24に分割した

28　cgs 単位系でも、時間の基本単位は秒である。

ものが1時間、1時間を60に分割したものが1分、そして1分を60に分割したものが1秒（one second）だった。しかし、長年の間には太陽や地球の運動は少しずつ変動するので、1秒の長さも変動してしまう。そこで現在では原子的な指標をもとに1秒を定義している。すなわち現在使用されている原子時（atomic time）の1秒は、セシウム133（^{133}Cs）原子のある特定の遷移で放射される光の9192631770周期の継続時間と定義されている。

$$1\,s = {}^{133}Cs\,原子の超微細準位遷移の放射の9192631770周期の$$
$$継続時間$$

また太陽の周りを回る地球の公転に基づいた時間単位が**年**（year）だ。この「年（とし）」というのは、もとは稲の穂が実るという意味の字で、それから転じて、実る周期である1年という時間の単位へ転用されるようになった。1年を秒で表すと、

$$1\,年 = 3.16 \times 10^7\,s$$

となる。指数表示でも出たが、宇宙の年齢は約4×10^{17} s というよりは、宇宙の年齢は約138億年といった方が、感覚的にまだ把握できるだろう。

（4）力とエネルギーと光度

国際単位系 SI での力の単位は**ニュートン** N（newton）だが、由来は、ニュートン（Sir Isaac Newton; 1642〜1727）から[29]。

国際単位系 SI でのエネルギーの単位は**ジュール** J（joule）だが、こちらはイギリスの物理学者ジュール（James Joule; 1818〜1889）から[30]。

さらに、国際単位系 SI で、放射率／光度（luminosity）（単位時間当たりに放射されるエネルギー）の単位は**ワット** W（watt）になる。蒸気機関

29　cgs 単位系での力の単位はダイン dyn（dyne）で、こちらはギリシャ語の $\delta\nu\nu\alpha\mu\iota\sigma$ = dynamis（力）から。換算は、1 N = 1 kg・m/s^2 = 10^5 dyn。

30　cgs 単位系ではエルグ erg（erg）で、こちらはギリシャ語の $\varepsilon\rho\gamma o\nu$ = ergon（働き、仕事、活力）から。換算は、1 J = 1 kg・m^2/s^2 = 10^7 erg。

のジェームズ・ワット（James Watt; 1736〜1819）より。換算は、1 W = 1 J/s = 10^7 erg/s となる。

　天文学では、質量のときと同様に、太陽の明るさを基準にする**太陽光度** $L_{\odot}$（solar luminosity）を使うことも多い。すなわち、

$$1\,L_{\odot} = 1\,\text{太陽光度} = 3.85 \times 10^{26}\,\text{W} = 3.85 \times 10^{26}\,\text{J/s}$$

となる。

序章

(5) 温度の単位

　日常的に使う**摂氏温度**（centigrade/Celsius）は、水の凝固点と沸点をそれぞれ 0℃、100℃として、その間を 100 等分したものだ。摂氏温度の単位は、スウェーデンの天文学者セルシウス（Anders Celsius; 1701〜1744）の頭文字を取って、「℃」を使う。ただし、単位℃には必ず「°」を付ける。本当は C で表したいところが、電気の単位で C（クーロン）という文字がすでに使われていたために、区別するために℃とした。

　一方、科学の世界では、あらゆる揺らぎがなくなりエントロピーが 0 となる理想的な極限を 0 度とする**絶対温度**（absolute temperature）を使う。絶対温度の単位は、ケルビン卿（Lord Kelvin）、本名 W. トムソン（William Thomson; 1824〜1907）の頭文字を取って、「K」を使う（「°」は決して付けない）[31]。

　絶対温度の 1 度の目盛りは摂氏温度と同じである。摂氏温度（℃）と絶対温度（K）の換算は、

$$K = ℃ + 273.15$$

となる。

31　温度の単位も 2018 年の国際度量衡総会で新定義が採択された。従来は、水の三重点の熱力学的温度の 273.16 分の 1 という定義だったが、ボツルマン定数を定義値として 1.380649 × 10^{-23} J/K と定め、その値をもとに温度の単位を定義することになった。

図序. 14　視力表のすき間
0.2
0.3
0.4
0.5
0.6
0.7
0.9
1.0
1.2
1.5
2.0

(6) 角度の「単位」

　角度（angle）は（長さや質量のような）次元を持った量ではないので、本来は単位（次元）をもたない。ただし、慣例に従って、角度の「単位」としておく。角度の測り方には、円周を $360°$ に分割する度数法と、2π ラジアンに分割する弧度法がある。

　度数法では「°（度）、′（分角）、″（秒角）」を使って、円周を $360°$ に分割し、$1°$ を $60′$ とし、さらに $1′$ を $60″$ とする。時間のところで書いたように、この分割から、minite や second が生まれた。ちなみに、人間の正常な目の分解能がだいたい $1′$（分角）ぐらいだ。視力表の下の方の視力 1 の欄にあるすき間のある環（ランドルト環という）を標準の 5 m の位置から見たとき、環のすき間を見込む角度が $1′$（分角）になる。つまり、視力 1 というのは、$1′$（分角）離れたものを見分ける分解能があることを意味している。

　弧度法の方は、まさに角度が次元を持たない量だという観点からつくられた「単位」だ。

　円周の一部（弧）を考えてみよう。円の半径 r と弧の長さ ℓ が与えられれば、弧を見込む角度 θ は必ず一意に定まる。そこで、弧の長さ ℓ と半径 r の比率として角度 θ を定義してしまうのが弧度法だ：

$$\theta = \ell/r \qquad \text{あるいは} \qquad \ell = r\theta$$

弧の長さも半径も、長さの次元を持つので、その比率である角度には次元はない。

　弧度法の 1 単位として、弧の長さがちょうど半径に等しくなったときの

図序. 15 弧度法

角度（$r = \ell$ だから $\theta = 1$）を 1 ラジアン（radian）と呼ぶ。円の周囲は $2\pi r$ なので、円周は 2π ラジアンになる。ラジアンという名前はついているが、あくまでも次元は持たない量である。

　円周の 1 周は、度数法では360°、弧度法では 2π ラジアンなので、換算は、

$$1 \,ラジアン = (360/2\pi)° = (180/\pi)° \sim 57.3°、$$
$$1° = (2\pi/360) \,ラジアン \sim 0.0175 \,ラジアン$$

となる。

◎波動の基礎

　本書の主役の 1 人は光（電磁波）であり、光（電磁波）はある種の波動でもある。そこで、波（波動）の性質について、ここで簡単にまとめておこう。

　空気や水などの媒質中で生じた変動が隣接する領域を揺り動かし、周期的な変動が次々と伝わっていく現象を一般に**波**（wave）とか**波動**（wave motion）と呼ぶ[32]。

　いわゆる「流れ」が流体（媒質）の実質的な移動を伴うのに対し、一般的には、波が伝わるときには流体は移動しない（ただし、波も運動量やエネルギーを運ぶ）。

32　本書の主題である光（電磁波）は媒質のない真空中を光速度で伝わる（第 4 章、第 5 章）。

また、波の運動に伴う変位の方向についてみると、波の進行方向と変位の方向が平行な**縦波**と、波の進行方向に垂直な方向に変位が起きる**横波**がある。そして波動が生じるためには、流体に変動が生じたときに、その変動を引き戻すような**復元力**（restoring force）が必要だ。

　たとえば、音の波である**音波**（acoustic wave）は、圧力を復元力とする縦波だ。波が進みながら上下運動する水の波は、水にかかる重力と浮力を復元力とする波で、波の進行方向と振動方向が直角になっている横波だ[33]。ぼくたちに身近な**地震波**には、速度が少し速く初期微動を引き起こすP波[34]と呼ばれる縦波と、大きな本震を引き起こすS波[35]と呼ばれる横波がある。

　このような波を特徴づける量としては、波長と振動数、周期、波の速さ、そして振幅などがある。

　波の山と山、あるいは谷と谷の間隔を波の**波長**（wavelength）と呼び、λ（ラムダ）で表す。波は山と谷が交互に繰り返し現れ、同じ形が伝わっていく。同じ場所で波を観測したときに、1秒間に何回波が通過するか、

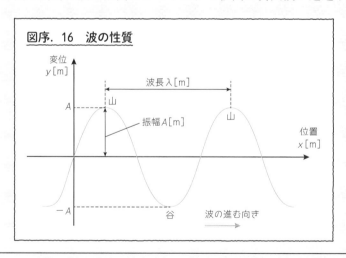

図序. 16　波の性質

33　光（電磁波）も横波である。

34　最初の波（primary wave）からP波と呼ぶ。固体中も液体中も伝わる音波の一種。

35　2番目の波（secondary wave）からS波と呼ぶ。

36　分野によっては周波数と呼んで f で表すこともある。

その回数が波の**振動数**（frequency）で、νで表す[36]。

　また、同じ場所で波の形を観測したとき、山が谷となり、また谷に戻るまでが波の**周期**（period）T となる。周期と振動数はちょうど逆数になっている。さらに、波は 1 周期で 1 波長進み、それが波の**速度・速さ**（velocity）v となる。

　以上までを式でまとめると、以下のようになる[37]。

波長　　　λ

振動数　　ν

周期　　　$T = \dfrac{1}{\nu}$

速度　　　$v = \lambda\nu$

　なお、平均面から測った波の山の高さもしくは谷の深さを波の**振幅**（amplitude）A と呼ぶ。音波や普通の水面波など比較的弱く振幅が小さい波では、波の性質にとって振幅はあまり関係しない。これらは**線形波**（linear wave）と呼ばれる。逆に、振幅の大きな**非線形波**（nonlinear wave）と呼ばれる強い波動では、波の伝わり方が大きく異なってくる。

　たとえば、**津波**（Tsunami）は**孤立波**（solitary wave）と呼ばれる非線形波の一種で、南米チリ沖の地震で生じた津波があまり減衰せずに日本まで伝わることができる。また爆発などで生じる**衝撃波**（shock wave）も非線形波の一種で、非常に大きなエネルギーを蓄えて伝播できる。

4　天文学的準備

◎業界用語

　どのような業界にも業界特有の慣習や業界用語がある。$E = mc^2$ が活躍する天文学の「業界」に関して、いくつかの**専門用語**（technical term）や、業界内だけで意味の通じる**特殊語句**（jargon）を少し紹介しておこう。

37　一般の波の速度はいろいろあるが、光（電磁波）の速度は真空中では光速度になる。

(1) 専門用語

　たとえば、「赤方偏移」とか「望遠鏡の口径」など、いわゆる狭義の意味での専門用語がある。でもまぁ、これらは意味がひととおりしかなく確定しているし、天文の辞書を引けば出ているので、辞書を引く労さえ厭わなければ、そんなに困るものではない。

(2) 惑星記号

　惑星や星座を表す記号を**天文符号**（astronomical sign）とか**天文記号**（astronomical symbol）という。惑星などの天体を表す記号、黄道十二宮などを表す記号、種々の惑星現象を表す記号などがある。

　古くから知られていた星とは異なる、特殊な天体である日、月と5惑星には、ギリシャ神話の神々の名前の頭文字が変形した記号がつくられ、神話や占星術や錬金術などの進展と共にさまざまな意味付けがなされてきた。一方、近代になって発見された天王星、海王星、冥王星には、名前を表す記号が与えられた。

　たとえば、$M_\odot$で太陽質量を表す。最近では、黒丸（●）をブラックホールの記号として、$M_\bullet$でブラックホール質量を表すこともある。

図序. 17　惑星記号　綴りの並びは（ギリシャ語／ラテン語／英語）である。

☉	太陽　太陽神 Helios ／太陽神 Sol ／ Sun 漢字の「日」と同じく、太陽を象ったもの。
☽	月　月の女神 Selene ／ Luna ／ Moon 三日月を象ったもの。漢字の「月」は半月を表す象形文字。
☿	水星　伝令神 Hermes ／旅行の神 Mercurius ／ Mercury ヘルメスのもつ2匹の蛇が絡み合った杖を象っている。
♀	金星　美の女神 Aphrodite ／ Venus ／ Venus ヴィーナスのもつ鏡。
⊕	地球　大地母神 Gaia ／ Tellus ／ Earth 円が地球そのもので、十字は赤道と子午線を表している。
♂	火星　軍神 Ares ／軍神 Mars ／ Mars 軍神マルスのもつ盾と槍を表している。
♃	木星　大神 Zeus ／ Jupiter ／ Jupiter 大神ゼウスの放った雷あるいは Zeus の略記。
♄	土星　時の神 Cronos ／農耕神 Saturnus ／ Saturn 農耕神サトゥルヌスの鎌に由来。
♅	天王星　天空神 Uranus ／ Ouranos ／ Uranus 天王星を発見したハーシェルの頭文字 H を図案化したもの。
♆	海王星　海神 Poseidon ／ Neptune ／ Neptune 海神ポセイドンのもつ三叉の戟（ほこ）トライデント。
♇	冥王星　冥界神 Hades ／ Pluton ／ Pluto） 冥王プルートの綴りの一部、かつパーシバル・ローウェルの頭文字。

（3）星座記号

　太陽の通り道である黄道に沿って、1周360°をおよそ30°の幅で分割したものが黄道12宮で、その領域の星座が黄道12星座。黄道12宮にはそれぞれ動物が割り振られたので、獣帯（zodiac）ともいう。黄道12宮／獣帯には、それぞれの星座を表す記号が与えられている。

図序. 18　星座記号

♈ ♉ ♊ ♋ ♌ ♍ ♎ ♏ ♐ ♑ ♒ ♓
おひつじ おうし ふたご かに しし おとめ てんびん さそり いて やぎ みずがめ うお

　また現在はうお座にある春分点は、黄道十二宮が成立した頃にはおひつ
じ座にあったため、現在でも春分点を表すのにおひつじ座の記号

を用いる。
　現在では星座も増えたので、ラテン語で表した星座の学名を3文字に短
縮した略号（バイエル符号：Bayer symbol）で星座を表す。たとえば、黄
道12星座は、

おひつじ（Aries）Ari　　　　おうし（Taurus）Tau
ふたご（Gemini）Gem　　　　かに（Cancer）Cnc
しし（Leo）Leo　　　　　　　おとめ（Virgo）Vir
てんびん（Libra）Lib　　　　さそり（Scorpius）Sco
いて（Sagittarius）Sgr　　　やぎ（Capricornus）Cap
みずがめ（Aquarius）Aqr　　　うお（Pisces）Psc

などとなる。

▼辺境の訛った言葉が……

　天体や星座の名前は古くから伝えられてきたので比較しやすいが、英語のもとになった古語であるギリシャ語やラテン語と、現代英語とで読みが大きく異なるケースが少なくない。

　たとえば、惑星名をいくつか比べてみると、金星はラテン語ではウェヌス（Venus）だが、英語では綴りは同じでもヴィーナスとなる。火星はラテン語ではマルス（Mars）だが、英語ではマーズ。木星はラテン語ではユピテル（Jupiter）だが、英語ではジュピター（JはもともとⅠの変化形）。他の例だと、星座のOrionはラテン語ではオリオンと発音するが、英語ではオライオンになるし、オリュンポス神族に敗退した巨神族Titanは、本来はティターンと発音すべきなのが、英語ではタイタンと発音されている。

　これらを眺めてすぐわかるのは、古い言葉であるラテン語ではほぼ綴りどおりに発音されているのに、英語ではとくに母音が綴りと違う発音が多いことだ。この英語ではしばしば綴りと発音が異なる点が、英語を学ぶ上で非常に障害であることは誰しも体験したことだろう。

　しかし考えてみると、もともとは言葉（発音）があってそれを記述する文字（綴り）が生まれたのだから、ラテン語のように綴りと発音が合致しているのが本来の姿である。要は英語の発音の方がおかしいのだ。

　英語が何段階かにわけて成立していった時期、西洋での文明の中心は地中海周辺のラテン諸世界であり、フランス（ガリア地方）でさえ田舎で、イギリスなどは蛮族の跋扈する辺境の地であった。そのような成立過程を考えればわかるように、ラテン語母語が辺境で「訛った」言葉に変化したものが英語なのである（英語の本では「母音大移動」と専門的な言い方がされているが、要は「訛った」のだろう）。訛った言葉なのだから、学びにくいのも当然である。

　筆者は63歳にもなって、そのような英語に関する「不都合な真実」を初めて知り、半世紀以上にわたる英語コンプレックスが雲散霧消した（実話：笑い）。

　英語は文法的にも大変に難儀な言葉なのだが（たとえば、"仮主語"ってなに、あの意味不明なものは）、それはまた別の機会に。

第1章

時間と空間と
運動

本章の概要

　本章では、まず相対論、とくに特殊相対論の主舞台である時間と空間（合わせて時空）について、ニュートン的（古典的）な立場で整理し、合わせて座標系についてもまとめておく。また位置、速度、加速度についても定義し、空間内における位置や速度の変化、すなわち運動についても復習しておこう。

本章の流れ

　まず1で、古典的なニュートン力学における「時間」と「空間」、すなわち、ぼくたちが日常でごく自然に捉えている時間と空間について、あらためて整理しておく。

　次に2で、「座標系」と「座標変換」についてまとめておく。空間内における物体の運動を数学的に取り扱うためには、何らかの座標系を用意しないといけないが、座標系自体は自由に設定できる。通常は取扱いが容易な直角座標が使われるが、その原点や向きは自由に決められる。そのため、異なった座標系の間では座標変換が必要になるのだ。

　そして3で、空間内における位置の時間変化である速度と、速度の時間変化である加速度について、時間微分として定義しておこう。

● この章に出てくる数式

座標変換（座標回転）　$X = x\cos\theta + y\sin\theta$
$Y = -x\sin\theta + y\cos\theta$

座標変換（座標回転）　$x = X\cos\theta - Y\sin\theta$
$y = X\sin\theta + Y\cos\theta$

2点間の距離（不変量）
$$\ell^2 = (x_P - x_Q)^2 + (y_P - y_Q)^2 = (X_P - X_Q)^2 + (Y_P - Y_Q)^2$$

速度の定義　$v \equiv \dfrac{dx}{dt}$

加速度の定義　$a \equiv \dfrac{dx}{dt}$

速度や加速度の具体例　$x \equiv \dfrac{a_0}{2}t^2 - \dfrac{a_0}{6t_0}t^3$

$v \equiv a_0 t - \dfrac{a_0}{2t_0}t^2$

$a \equiv a_0 - \dfrac{a_0}{t_0}t$

相対論というのは、数学的な側面から眺めれば、詰まるところ**座標変換**に過ぎないといえる。もちろん3次元空間内での単純な座標変換ではない。特殊相対論の場合は、平坦な4次元時空における変換だが、あくまでも座標変換であることには違いない。本書では扱わないが、一般相対論にしても、曲がったリーマン空間における座標変換である。

そこでまずは、相対論以前のニュートン的な描像、すなわちユークリッド幾何学における、時間と空間そして座標系の話からはじめたい。

1　時間と空間

最初は時間と空間からスタートしよう。

◎時間

時間の単位については序章で述べたが、**時間**（time）はものごとの生起や変化を測るために必要な次元で、変数としては、time の頭文字の t やギリシャ語で同等な τ（タウ）が使われる。

ニュートン力学の描像では、時間というものは、過去から未来に向かって一様に流れ、かつ宇宙のどこでも誰にとってもまったく同じ時間になっていると考える。これを**絶対時間**[1]という。

◎空間

世の中には、路傍の石から生き物や人々そして天界の星にいたるまで、さまざまな物質や物体が存在し、いろいろな運動をし、互いに影響を与え合っている。これらの物体が存在したり運動したりする「入れ物」を**空間**（space）と呼んでいる。ぼくたちの世界には縦・横・高さの3つの方向があるので、世界は3次元の空間で、空間内の場所を特定するためには、たとえば、xyz など3つの座標（変数）が必要である。

1　相対論では、絶対時間というものは存在せず、時間はそれぞれの観測者によって異なる可能性がある観測者固有の物理量であり、その意味で固有時間と呼ばれる。詳細は後述する。

ニュートン力学の描像では、物体は空間の中で運動や変化をするが、空間自体はまったく変化せず永久不変に存在していると考える。これを**絶対空間**[2]という。

図1.1　絶対空間と絶対時間

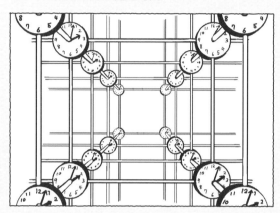

2　座標系と座標変換

　実際の空間には座標格子は存在しないし、時計がなくても時間は進んでいく。そして、座標はなくても物体は空間内を運動していく。ただし、物体の位置や速度を数学的に記述するためには、空間に座標を設定するのが便利なのだ。それも、できるだけ使いやすい座標の方がいい[3]。使いやすい座標が好まれるのは、古典力学でも相対論でも変わらない。

　相対論的な4次元時空における座標系と座標変換については第5章で説明するが、事前の準備として、通常の空間における座標系の取り方や、座標系の間の変換、そして座標変換における**不変量**（invariant）について、

2　相対論では、絶対空間というものは存在せず、時間同様、空間もそれぞれの観測者によって異なる観測者固有の物理量だと考える。詳細は後述する。

3　鉛筆の長さを測るときに、適当に置いた直角座標で鉛筆の両端の座標値を求め、ピタゴラスの定理を使って計算する人はいない。鉛筆にモノサシを当てて、鉛筆の片方の端をゼロに合わせ、もう片方の端の目盛りを読むだろう。これは、鉛筆の片方の端を原点とし、鉛筆に沿った x 軸という座標系を設定していることに相当する。

ここでていねいに説明しておきたい。

　最初は簡単のために2次元の空間、すなわち平面上での座標と座標変換を考えよう。

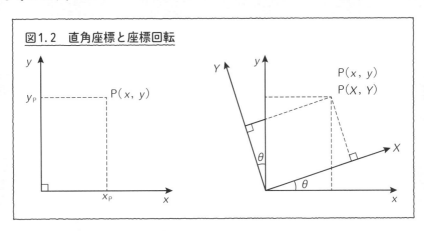

図1.2　直角座標と座標回転

◎直角座標と座標回転

　平面上の点（場所）を指定する座標としては、原点で直交する x 軸と y 軸を座標軸とする**直角座標** (x, y) がよく用いられる。原点はどこに置いてもいいし、座標軸の向きもどの方向に向けても構わないが、とりあえずは、1つの直角座標を決めよう。

　この直角座標 (x, y) に対して、原点は同じで反時計回りに角度 θ だけ回転した直角座標 (X, Y) を考える（**座標回転**）。これらの座標系の間の変換は、

$$X = x\cos\theta + y\sin\theta$$
$$Y = -x\sin\theta + y\cos\theta$$

で与えられる。このことを図を用いて証明してみよう。

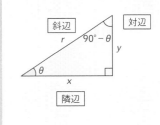

三角関数（三角比）
クイックメモ

　　→詳しくは序章

$$\sin\theta = \frac{y}{r}$$

$$\cos\theta = \frac{x}{r}$$

$$\tan\theta = \frac{y}{x}$$

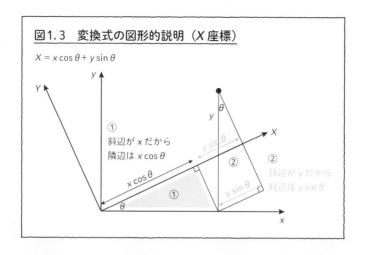

図1.3　変換式の図形的説明（*X* 座標）

$X = x \cos \theta + y \sin \theta$

① 斜辺が *x* だから
隣辺は $x \cos \theta$

② 斜辺が *y* だから
対辺は $y \sin \theta$

まず X 座標だが、図1.3を見ると、座標回転後の X 座標の値は、三角形①の隣辺の長さと三角形②の対辺の長さの和であることがわかる。つまり、$x \cos \theta$ と $y \sin \theta$ の和が X 座標の値になっていることがわかる。

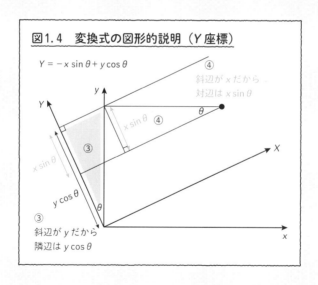

図1.4　変換式の図形的説明（*Y* 座標）

$Y = -x \sin \theta + y \cos \theta$

④ 斜辺が *x* だから
対辺は $x \sin \theta$

③ 斜辺が *y* だから
隣辺は $y \cos \theta$

次に Y 座標だが、図1.4を見ると、Y 座標の値は、三角形③の隣辺の長さから三角形④の対辺の長さを引いたものであることがわかる。すなわち、$y \cos \theta$ から $x \sin \theta$ を引いたものが Y 座標の値になっていることがわかる。

問題⑦ ┄┄┄┄┄┄┄┄┄┄┄┄┄┄┄┄┄┄┄┄┄┄┄┄┄┄┄┄

数値での確認

θ = 30°とすると、$(x, y) = (1, 1)$ の座標は、(X, Y) ではいくらになるか。

　直角座標 (x, y) から直角座標 (X, Y) への変換（反時計回りの回転）に対して、その逆変換、すなわち、直角座標 (X, Y) から直角座標 (x, y) への座標変換（時計回りの回転）は、

$$x = X \cos\theta - Y \sin\theta$$
$$y = X \sin\theta + Y \cos\theta$$

で与えられる。このことをやはり図を用いて証明してみよう。

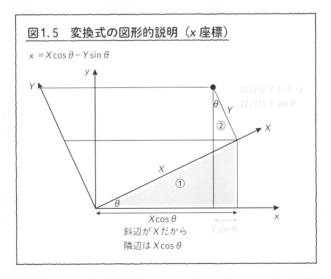

図1.5　変換式の図形的説明（x 座標）

　まず x 座標だが、図1.5を見ると、x 座標の値は、三角形①の隣辺から三角形②の対辺を引いたものであることがわかる。つまり、$X \cos\theta$ から $Y \sin\theta$ を引いたものが x 座標になっている。

　次に y 座標だが、図1.6を見ると、y 座標の値は、三角形①の対辺と三

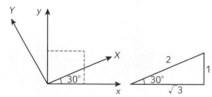

$$\sin 30° = \frac{1}{2}$$

$$\cos 30° = \frac{\sqrt{3}}{2}$$

$$\tan 30° = \frac{1}{\sqrt{3}}$$

$$X = x\cos 30° + y\sin 30°$$
$$= \left(1 \cdot \frac{\sqrt{3}}{2}\right) + \left(1 \cdot \frac{1}{2}\right) = \frac{\sqrt{3}+1}{2}$$
$$Y = x\sin 30° + y\cos 30°$$
$$= -\left(1 \cdot \frac{1}{2}\right) + \left(1 \cdot \frac{\sqrt{3}}{2}\right) = \frac{\sqrt{3}-1}{2}$$

角形②の隣辺を足したものになっていることがわかる。つまり、$X\sin\theta$ と $Y\cos\theta$ の和が x 座標の値になっている。

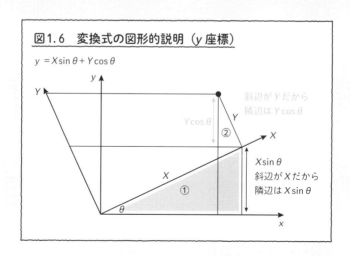

図1.6　変換式の図形的説明（y 座標）

問題⑧

第
1
章

代数的な証明

　座標変換

$$X = x\cos\theta + y\sin\theta$$
$$Y = -x\sin\theta + y\cos\theta$$

から、y を消去して x について解き、また x を消去して y について解いて、逆変換を導いてみよ。

三角関数（三角比）クィックメモ　　　→詳しくは序章

座標変換

斜辺 1 ／ 対辺 sin θ ／ 隣辺 cos θ ／ θ
なので
斜辺が x の場合は
斜辺 x ／ 対辺 x sin θ ／ 隣辺 x cos θ ／ θ

解答⑧

まず最初の式

$$X = x\cos\theta + y\sin\theta$$

の右辺第1項を左辺に移項して、

$$X - x\cos\theta = y\sin\theta$$

とし、両辺に $\sin\theta$ を掛けて、

$$X\sin\theta - x\sin\theta\cos\theta = y\sin^2\theta \cdots\cdots\textcircled{1}$$

となる。

2番目の式についても同様に、

$$Y = -x\sin\theta + y\cos\theta$$
$$Y + x\sin\theta = y\cos\theta$$
$$Y\cos\theta + x\sin\theta\cos\theta = y\cos^2\theta \cdots\cdots\textcircled{2}$$

と変形する。

そして①と②の辺々を加えると、

$$X\sin\theta + Y\cos\theta = y(\sin^2\theta + \cos^2\theta)$$

となる。

ここで三角関数の性質から、

$$\sin\theta = \frac{x}{r}, \quad \cos\theta = \frac{y}{r}$$

$$\sin^2\theta = \frac{x^2}{r^2}, \quad \cos^2\theta = \frac{y^2}{r^2}$$

$$\sin^2\theta + \cos^2\theta = \frac{x^2 + y^2}{r^2} = 1$$

なので、結局、

$$X\sin\theta + Y\cos\theta = y$$

となり、これは逆変換の第2式そのものである。

三角関数（三角比）
クィックメモ
→詳しくは序章

次に、最初の式

$$X = x \cos \theta + y \sin \theta$$

の右辺第2項を左辺に移項して、

$$X - y \sin \theta = x \cos \theta$$

とし、両辺に $\cos \theta$ を掛けて、

$$X \cos \theta - y \sin \theta \cos \theta = x \cos^2 \theta \quad \cdots\cdots\cdots ③$$

となる。
　2番目の式についても、

$$Y = -x \sin \theta + y \cos \theta$$
$$Y - y \cos \theta = -x \sin \theta$$
$$Y \sin \theta - y \sin \theta \cos \theta = -x \sin^2 \theta \quad \cdots\cdots\cdots ④$$

と変形する。
　そして③から④を辺々引くと、

$$X \cos \theta - Y \sin \theta = x(\cos^2 \theta + \sin^2 \theta)$$

となる。
　そしてやはり三角関数の性質から、

$$X \cos \theta - Y \sin \theta = x$$

となり、これは逆変換の第1式そのものである。

 問 題⑨

逆変換の意味（定義）による証明。
　座標変換

$$X = x \cos \theta + y \sin \theta$$
$$Y = -x \sin \theta + y \cos \theta$$

から、逆変換の意味（定義）を用いて、逆変換を導いてみよ。

解答 ⑨

逆変換は全体を対称に入れ替えることと同じなので、$x \longleftrightarrow X$ を入れ替え、$y \longleftrightarrow Y$ を入れ替え、さらに θ を $-\theta$ とする。

すなわち、

$$X = x \cos\theta + y \sin\theta$$
$$Y = -x \sin\theta + y \cos\theta$$

において、座標軸を交換し、x と X を入れ替え、y と Y を入れ替えると、

$$x = X \cos\theta + Y \sin\theta$$
$$y = -X \sin\theta + Y \cos\theta$$

が得られる。さらに、逆方向に回転して、θ を $-\theta$ とすると、

$$x = X \cos(-\theta) + Y \sin(-\theta)$$
$$y = -X \sin(-\theta) + Y \cos(-\theta)$$

となり、三角関数の性質から、$\sin(-\theta) = -\sin\theta$、$\cos(-\theta) = \cos\theta$ なので、最終的に、

$$x = X \cos\theta - Y \sin\theta$$
$$y = X \sin\theta + Y \cos\theta$$

となる。これはたしかに逆変換の式になっている。

◎座標変換における不変量

座標変換を行うと、点（物体）の位置を表す座標（数値）はもちろん変わってしまう。しかし、点（物体）自体は最初から同じ場所にあって何も変わっていない。座標変換は、点（物体）を表す表現方法が変わっただけなのである。また座標変換しても不変な量もある。そのような「不変量」を考えてみよう。

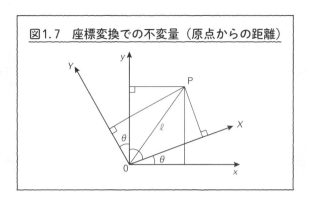

図1.7　座標変換での不変量（原点からの距離）

（1）不変量1　原点からの距離

　このような座標回転（座標変換）では、図形的に見れば同じ点（場所）
であっても、原点は別として、一般にその点を表す座標値は変化する。し
かし座標変換しても不変な量もある。たとえば、原点からの距離 ℓ がそう
だ。図形的にみれば明らかだが、原点 O と点 P の距離 ℓ は、どんな座標で
あろうと変わらない。

　具体的には、ピタゴラスの定理から、距離 ℓ は、

$$\ell^2 = x^2 + y^2 = X^2 + Y^2$$

と表される。

問題⑩

　上式で、x と y に座標変換の式を入れ、確認せよ。また X
と Y に座標変換の式を入れ、確認せよ。

$x^2 + y^2 = (X\cos\theta - Y\sin\theta)^2 + (X\sin\theta + Y\cos\theta)^2$

$\qquad = X^2\cos^2\theta - 2XY\cos\theta\sin\theta + Y^2\sin^2\theta + X^2\sin^2\theta$

$\qquad\quad + 2XY\cos\theta\sin\theta + Y^2\cos^2\theta$

$\qquad = X^2(\cos^2\theta + \sin^2\theta) + Y^2(\cos^2\theta + \sin^2\theta)$

$\sin^2\theta + \cos^2\theta = 1$ だから

$\qquad = X^2 + Y^2$

問題⑪

数値での確認

$\qquad (x, y) = (1, 1)$

$\qquad (X, Y) = (\sqrt{3} + 1)/2, \ (\sqrt{3} - 1)/2)$

について、ℓ が同じになることを確かめよ。

まず (x, y) 座標では、

$$\ell^2 = 1^2 + 1^2 = 2$$

したがって、

$$\ell = \sqrt{2}$$

次に (X, Y) 座標では、

$$\ell^2 = \{(\sqrt{3} + 1)/2\}^2 + \{(\sqrt{3} - 1)/2\}^2$$
$$= (3 + 2\sqrt{3} + 1 + 3 - 2\sqrt{3} + 1)/4 = 2$$

したがって、やはり

$$\ell = \sqrt{2}$$

となり、同じ値になる。

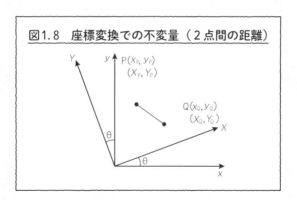

図1.8　座標変換での不変量（2点間の距離）

(2) 不変量2　点Pと点Qの距離　間隔

　原点と点P以外に、もっと一般的に、点Pと点Qの距離、すなわち2点間の距離（間隔）も不変量である。これも図形的には一目瞭然だろう。
　具体的な表現としては、2点間の距離 ℓ は、

$$\ell^2 = (x_P - x_Q)^2 + (y_P - y_Q)^2 = (X_P - X_Q)^2 + (Y_P - Y_Q)^2$$
$$\cdots\cdots\cdots\text{⑤}$$

と表される。

問題⑫

⑤式の、$(x_P - x_Q)^2 + (y_P - y_Q)^2$ の部分に x と y に座標変換の式を入れ、右辺に一致することを確かめよ。

(3) 不変量3　微小間隔　空間線素

点Pと点Qの距離が非常に近くて微小な間隔の場合でも、同じくピタゴラスの定理

$$\mathrm{d}\ell^2 = \mathrm{d}x^2 + \mathrm{d}y^2 = \mathrm{d}X^2 + \mathrm{d}Y^2 \cdots\cdots\cdots\text{⑥}$$

は成り立つので、微小間隔 $\mathrm{d}\ell$ は不変量である。

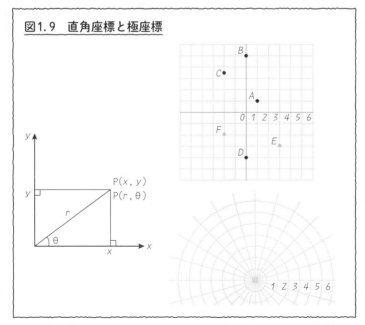

図1.9　直角座標と極座標

座標変換の逆変換は、

$$x = X \cos\theta - Y \sin\theta$$
$$y = X \sin\theta + Y \cos\theta$$

であった。これに点 P と点 Q の添え字が付いた、

$$x_P = X_P\cos\theta - Y_P\sin\theta$$
$$y_P = X_P\sin\theta + Y_P\cos\theta$$
$$x_Q = X_Q\cos\theta - Y_Q\sin\theta$$
$$y_Q = X_Q\sin\theta + Y_Q\cos\theta$$

を用いる。

これらの変換式を、式⑥に代入すると、

$$(x_P - x_Q)^2 + (y_P - y_Q)^2$$
$$= [(X_P\cos\theta - Y_P\sin\theta) - (X_Q\cos\theta - Y_Q\sin\theta)]^2 + [(X_P\sin\theta + Y_P\cos\theta) - (X_Q\sin\theta + Y_Q\cos\theta)]^2$$
$$= [(X_P\cos\theta - X_Q\cos\theta) - (Y_P\sin\theta - Y_Q\sin\theta)]^2 + [(X_P\sin\theta - X_Q\sin\theta) + (Y_P\cos\theta - Y_Q\cos\theta)]^2$$

（ここで [ ] の中を $\sin\theta$ と $\cos\theta$ で括って）

$$= [(X_P - X_Q)\cos\theta - (Y_P - Y_Q)\sin\theta]^2 + [(X_P - X_Q)\sin\theta + (Y_P - Y_Q)\cos\theta]^2$$

（少し複雑になったので、$(X_P - X_Q) = A$、$(Y_P - Y_Q) = B$ と置くと）

$$= [A\cos\theta - B\sin\theta]^2 + [A\sin\theta + B\cos\theta]^2$$
$$= A^2\cos^2\theta - 2AB\sin\theta\cos\theta + B^2\sin^2\theta + A^2\sin^2\theta + 2AB\sin\theta\cos\theta + B^2\cos^2\theta$$
$$= A^2(\cos^2\theta + \sin^2\theta) + B^2(\sin^2\theta + \cos^2\theta)$$

（$\sin^2\theta + \cos^2\theta = 1$ なので）

$$= A^2 + B^2$$
$$= (X_P - X_Q)^2 + (Y_P - Y_Q)^2$$

◎直角座標と極座標

　平面上の点（場所）を指定するには、一般に2つの数値の組があればよいので、直角座標以外の座標系を張ることも多い。直角座標以外の平面座標でよく使われるのが、原点からの距離 r と x 軸から測った角度 θ を座標とする**極座標** (r, θ) だ[4]。

　直角座標 (x, y) と極座標 (r, θ) を考えよう。

　まず極座標 (r, θ) から直角座標 (x, y) への座標変換は、

$$x = r \cos \theta$$
$$y = r \sin \theta$$

で与えられる。

　図1.10からわかるように、x の長さは r の長さに直角三角形の斜辺と対辺の比（三角比）の (x/r) を掛けたものそのままであり、(x/r) が三角関数の $\cos \theta$ である。同様に、y の長さは $r \times (y/r) = r \times \sin \theta$ となる。

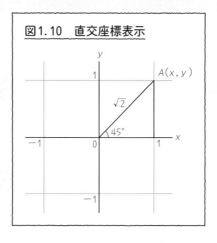

図1.10　直交座標表示

問 題⑬

数値での確認
　$(x, y) = (1, 1)$ の座標は、(r, θ) ではいくらになるか。

解答⑬

$(r, \theta) = (\sqrt{2}, 45°)$

次に、直角座標 (x, y) から極座標 (r, θ) への変換は、

$r^2 = x^2 + y^2$ ………変換の第 1 式
$\tan \theta = \dfrac{y}{x}$ ………変換の第 2 式

で与えられる。

図形的には、前者はピタゴラスの定理そのままで、後者は正接関数 tan の定義に他ならない。

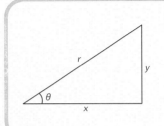

問題⑭

代数的な証明

　極座標から直角座標への変換式で、両辺を 2 乗して θ を消去せよ。両辺の比を取って r を消去せよ。

4　直角座標では座標の格子線はすべて直線だが、極座標など他の座標では一般に曲線になっており、それらは直角座標に対して曲線座標と呼ばれる。ただし、直角座標にせよ極座標にせよ、格子線はすべて直交しているので、どちらも直交座標に分類される。格子線が直交していないタイプは斜交座標となる。斜交座標はふだんはあまり見ないが、鉱物の結晶などの結晶格子を表す際や、相対論的時空の表現で出てくる。

解答⑭

変換式、

$$x = r\cos\theta$$
$$y = r\sin\theta$$

の両辺を2乗すると、

$$x^2 = r^2\cos^2\theta$$
$$y^2 = r^2\sin^2\theta$$

となり、辺々を加えると、

$$x^2 + y^2 = r^2(\cos^2\theta + \sin^2\theta) = r^2$$
$$(\cos^2\theta + \sin^2\theta = 1\text{を使う})$$

となる。これは変換の第1式になっている。
また変換式の第1式を第2式で辺々割ると、

$$\frac{y}{x} = \frac{(r\sin\theta)}{(r\cos\theta)} = \frac{\sin\theta}{\cos\theta} = \tan\theta$$

となり、これは変換の第2式である。

（1）不変量1　原点からの距離

　座標回転の場合と同様に、図形的にみれば同じ点（場所）であっても、直角座標の座標値と極座標の座標値は一般に異なる。しかし、たとえば、原点からの距離 ℓ は不変量であり、極座標の座標値 r に他ならない。

$$r^2 = x^2 + y^2$$

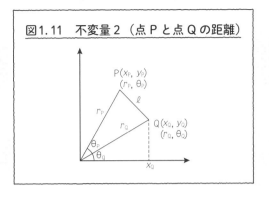

図1.11 不変量2（点Pと点Qの距離）

（2）不変量2　点Pと点Qの距離　間隔

　原点と点P以外に、もっと一般的に、点Pと点Qの距離、すなわち2点間の距離（間隔）も不変量である。これも図形的には一目瞭然だろう。

　具体的な表現としては、2点間の距離 ℓ は、直角座標では、

$$\ell^2 = (x_P - x_Q)^2 + (y_P - y_Q)^2 \cdots\cdots\cdots ⑦$$

となる。

問題⑮

　上式で、x と y に座標変換の式を入れ、極座標での表現を導いてみよ。

解答 ⑮

座標変換の式は、

$$x = r\cos\theta$$
$$y = r\sin\theta$$

であった。これに点 P と点 Q の添え字が付いた、

$$x_P = r_P\cos\theta_P$$
$$y_P = r_P\sin\theta_P$$
$$x_Q = r_Q\cos\theta_Q$$
$$y_Q = r_Q\sin\theta_Q$$

を用いる。

　これらの変換式を式⑦に入れると、

$$(x_P - x_Q)^2 + (y_P - y_Q)^2$$
$$= (r_P\cos\theta_P - r_Q\cos\theta_Q)^2 + (r_P\sin\theta_P - r_Q\sin\theta_Q)^2$$
$$= r_P{}^2\cos^2\theta_P - 2\,r_P\cos\theta_P\,r_Q\cos\theta_Q + r_Q{}^2\cos^2\theta_Q$$
$$\quad + r_P{}^2\sin^2\theta_P - 2\,r_P\sin\theta_P\,r_Q\sin\theta_Q + r_Q{}^2\sin^2\theta_Q$$
$$= r_P{}^2(\cos^2\theta_P + \sin^2\theta_P)$$
$$\quad - 2\,r_Pr_Q(\cos\theta_P\cos\theta_Q + \sin\theta_P\sin\theta_Q)$$
$$\quad + r_Q{}^2(\cos^2\theta_Q + \sin^2\theta_Q)$$
$$= r_P{}^2 - 2\,r_Pr_Q(\cos\theta_P\cos\theta_Q + \sin\theta_P\sin\theta_Q) + r_Q{}^2$$
$$= r_P{}^2 + r_Q{}^2 - 2\,r_Pr_Q(\cos\theta_P\cos\theta_Q + \sin\theta_P\sin\theta_Q)$$

と変形できて、これが極座標での表現となる。

問題⑯

数値での確認
　直角座標で $(\sqrt{3}, 1)$ の点 P は極座標でいくらか。

問題⑰

数値での確認
　直角座標で $(1, \sqrt{3})$ の点 Q は極座標でいくらか。

問題⑱

数値での確認
　直角座標で $(\sqrt{3}, 1)$ の点 P と $(1, \sqrt{3})$ の点 Q の距離を直角座標で求めよ。

問題⑲

数値での確認
　直角座標で $(\sqrt{3}, 1)$ の点 P と $(1, \sqrt{3})$ の点 Q は、極座標ではそれぞれ $(2, 30°)$ と $(2, 60°)$ であった。点 P と点 Q の距離を極座標で求めよ。

解答⑯

座標変換

$$r^2 = x^2 + y^2$$

$$\tan\theta = \frac{y}{x}$$

に入れると、

$$r^2 = 3 + 1 = 4 \text{ で } r = 2$$
$$\tan\theta = 1/\sqrt{3} \text{ で } \theta = 30°$$
$$(r, \theta) = (2, 30°)$$

解答⑰

$$(2, 60°)$$

解答⑱

直角座標での2点間の距離の式

$$\ell^2 = (x_P - x_Q)^2 + (y_P - y_Q)^2$$

に代入すると、

$$\ell^2 = (\sqrt{3} - 1)^2 + (1 - \sqrt{3})^2$$
$$= 8 - 4\sqrt{3}$$

解答⑲

極座標での2点間の距離の式

$$\ell^2 = r_{\mathrm{P}}^2 + r_{\mathrm{Q}}^2 - 2\, r_{\mathrm{P}} r_{\mathrm{Q}}\, (\cos\theta_{\mathrm{P}} \cos\theta_{\mathrm{Q}} + \sin\theta_{\mathrm{P}} \sin\theta_{\mathrm{Q}})$$

に代入すると、

$$\ell^2 = 4 + 4 - 8\ (\cos 30° \cos 60° + \sin 30° \sin 60°)$$
$$= 8 - 4\sqrt{3}$$

3　速度と加速度

　特殊相対論は光速に近い領域における運動の理論である。そこでここで
は、運動の性質を表す量として、ニュートン力学における**速度**と**加速度**に
ついて復習しておきたい。

◎速度と加速度

　話を簡単にするため、1次元での運動を考えてみよう。すなわち、1次
元の座標軸（x 軸）に沿って点Pが運動するとき、時間 t の関数として、
距離 $x(t)$ と速度 $v(t)$ と加速度 $a(t)$ を考えてみる。

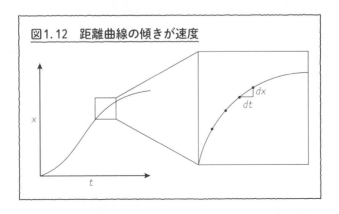

図1.12　距離曲線の傾きが速度

時間 t の関数として距離 x をグラフに表せば、グラフは一般的には曲線になるだろう。しかしどんなに曲がりくねった曲線でも、十分に大きく拡大すれば、その微小部分は直線で近似できるだろう。そして、微小時間 dt に微小距離 dx だけ進み、その微小部分は、dt と dx を対辺とする直角三角形で近似できる。時間とともに距離が変化する割合が速度なので、この微小三角形の傾きが速度に他ならない[5]。すなわち、速度は、

$$v \equiv \frac{dx}{dt}$$

と定義できる[6]。これは、同時にほぼ微分の定義にもなっており、時間の関数である距離 x を時間 t で微分したものが速度 v になることを意味している。

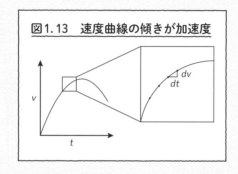

図1.13　速度曲線の傾きが加速度

　同様にして、時間 t の関数として速度 v をグラフに表せば、やはりグラフは一般的には曲線になるだろう。そして拡大した微小部分では、微小時間 dt に微小速度 dv だけ速度が増加することがわかるだろう。時間とともに速度が変化する割合が加速度なので、この微小三角形の傾きが加速度に他ならない。

$$a \equiv \frac{dv}{dt}$$

5　数学的な証明方法としては、微小量を表す記号として Δ を使い、いったん、微小時間 Δt に微小距離 Δx を進むとして、その極限を取るのが定石ではある。しかし Δ を噛ませなくても、最初から微小時間 dt に微小距離 dx 進むとしても、とくに問題はないだろう。

6　数学の記号で、＝（等式記号）は右辺と左辺が等しいことを意味するので、＝の右辺と左辺を入れ替えても内容は変わらない。一方、≡（定義記号）は右辺の項が左辺の変数の定義であることを意味するので、≡の右辺と左辺を入れ替えることはできない。

これは、時間の関数である速度 v を時間 t で微分したものが加速度 a になることを意味している。

◎具体例
具体的な式とグラフで、速度と加速度を考えてみよう。

(1) 距離→速度→加速度の順に微分する
微分の方が簡単なので、まず、上記の定義に沿って、距離の微分から速度を、速度の微分から加速度を求めていこう。

時間 t とともに距離 x が最初は緩やかに増加し、次に速く増加した後、また緩やかに増加する例として、

$$x = \frac{a_0}{2} t^2 - \frac{a_0}{6t_0} t^3$$

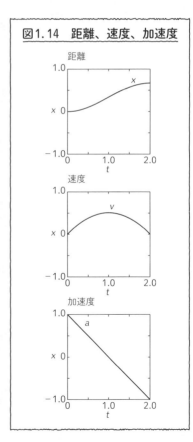

図1.14　距離、速度、加速度

のような関数を考えてみる。係数が複雑そうに見えるが、加速度の式になったときに単純になるように、上式のような形にしてみた。また加速度の式から積分すると、ちゃんと上の式になることも、微分の後で考える。とりあえず、a_0 と t_0 を1に置くと図1.14の上のグラフになる。

このような運動での速度 v は、距離 x を時間 t で微分して、

$$v = a_0 t - \frac{a_0}{2t_0} t^2$$

となる。ここでやはり、とりあえず、a_0 と t_0 を1に置くと図1.14の中央のグラフになる。この例では、速度は0（静止状態）から、いったん増加し、また減少して0に戻っている。

さらに加速度 a は、速度 v を時間 t で微分して、

$$a = a_0 - \frac{a_0}{t_0} t$$

となる。ここでも、a_0 と t_0 を 1 に置くと図1.14の下のグラフになる。この例は、加速度が時間とともに一定の割合で減速する運動であったことがわかる。

問題⑳ -

距離 x が $x = bt$ のとき、速度 v と加速度 a を求めよ。

(2) 加速度→速度→距離の順に積分する

微分の逆の操作が積分である。上記の例で、加速度を積分して速度を、速度を積分して距離を求めてみよう。

$$a = a_0 - \frac{a_0}{t_0} t$$

を時間 t で積分するのだが、答えはほとんどわかっていて、右辺第1項の a_0 を時間で積分すると $a_0 t$ になり（$a_0 t$ を時間で微分すると a_0）、第2項を時間で積分すると t が $\frac{t^2}{2}$ となる。ただし、積分の場合は時間で微分すると 0 になってしまう定数項 v_0 があっても構わない（積分定数）。したがって、上記の加速度の積分は、

$$v = v_0 + a_0 t - \frac{a_0}{2t_0} t^2$$

微分と積分の関係

$$\frac{dx}{dt} \downarrow \quad \begin{matrix} x \\ \\ v \\ \\ a \end{matrix} \quad \uparrow \int v dt$$

$$\frac{dv}{dt} \qquad\qquad \int a dt$$

となる。答えが違うようにみえるが、いったんは定数として加えた初速 v_0 を 0 と置けば（初期条件）、結局は、

$$v = a_0 t - \frac{a_0}{2t_0} t^2$$

$v = b$、
$a = 0$

が得られる。

　同様に、この速度を時間で積分すると、積分定数 x_0 を加えて、

$$x = x_0 + \frac{a_0}{2} t^2 + \frac{a_0}{6t_0} t^3$$

となる。そして、いったんは定数として加えた初期位置 x_0 を 0 と置けば（初期条件）、結局は、

$$x = \frac{a_0}{2} t^2 - \frac{a_0}{6t_0} t^3$$

が得られる。

　最初に置いた複雑そうな式に戻ったことがわかる。

問題㉑

　加速度 a が一定のとき、速度 v と距離 x を求めよ。

$$v = at + C_1、$$

$$x = \frac{1}{2}at^2 + C_1 t + C_2$$

第 2 章
力と運動の法則

本章の概要

　特殊相対論は、数学的には座標変換の一種であるが、物理的には空間内における物体や光の運動の理論である。本章では、まず力とは何かについて、身の周りの力と物理的な基本力をまとめ、続いて、ニュートン力学における運動の法則を整理しておきたい。

本章の流れ

　まず1で、身の周りの力から自然界における基本力まで、比較しながら整理しておく。
　次に2で、ニュートンの運動の法則について、第一法則、第二法則、第三法則のそれぞれについて詳しく説明していく。

● この章に出てくる数式

運動の第二法則　　　　$ma = F$

$$m\frac{dv}{dt} = F$$

$$m\frac{d^2x}{dt^2} = F$$

重力場での落下運動　　$m\frac{d^2x}{dt^2} = -mg$

$$v = \frac{dx}{dt} = -gt$$

$$x = -\frac{1}{2}gt^2$$

重力を扱う一般相対論に対し、特殊相対論は物体の運動を扱う理論である。そこでここではまず、運動を引き起こす力の特徴をまとめ、そして相対論以前の古典力学における運動の法則をまとめておこう。

1　力

　日本語では「力」はいろいろな使い方をする言葉だが、「目に見えない力がはたらいています」というような比喩的な言い方は別として、**物理的な力**とはどのようなものであろうか。まず、身の周りのいろいろな力を並べ上げ、次に自然界における4つの基本力を紹介し、そして4つの基本力と身の周りの力の関係を考えてみよう。

◎身の周りの力とは

　まず地上で暮らす限り**重力**がはたらいて地球に引っ張られており、支えるものがなければ地面に向けて落下し、さらには地面に空いた穴に落下していく。

　電車が動き出すときや止まるときには、後ろに引っ張られたり前に押されたりする力を感じるが、これは**加速による力**で**慣性力**の一種だ。また、メリーゴーランドに乗っているときは回転から放り出される外向きの力を感じるが、これは**遠心力**でやはり慣性力の一種である。

　地球の重力に引っ張られていても地面に立っていられるのは、地面から重力と反対方向に重力と同じ大きさの力がはたらいているためだ。壁を押したときにも、押した力と同じ大きさで反対方向の力を受ける。これらは**抗力**と呼ばれる。

　バネ秤は、バネが伸び縮みする量がバネにかかる力の大きさに比例する性質を利用しているが、このバネの力は**弾性力**と呼ばれる。

　物体同士を擦り合わせるときにはたらく力が**摩擦力**だ。摩擦力がはたらくと物体の運動が妨げられたり、熱が発生したりする。水飴のようにネバネバしたものをかき混ぜるときに受ける抵抗力も摩擦力の一種だが、**粘性力**とも呼ばれる。

身の周りのいろいろな力

少し似たものとして、空気抵抗（風圧）や水の抵抗力がある。

気圧や水圧などの**圧力**も力の一種である。圧力は面に対してはたらく力なので**面力**とも呼ばれる。水中などで圧力を受けた結果、重力とは反対方向の浮き上がろうとする力、すなわち**浮力**が作用することになる。

重力以外に遠距離でも作用する力としては、たとえば、帯電した下敷きが紙や髪の毛を引っ張る静電気による力、すなわち**静電気力**がある。さらに主として金属にはたらく磁石による力、すなわち**磁力**も身の周りにあるありふれた力だ。

このように、身の周りにはさまざまな力がはたらいているが、力のはたらきとして共通している点は、

①**物体を動かすはたらきがあること**
②**物体を支えるはたらきがあること（抗力など）**
③**物体の動きを変えるはたらきがあること**

などがあげられるだろう。静止状態も運動の一種だと考えれば、力とは物体の運動の状態を維持あるいは変化させるものであるといえよう。そのことを法則化したのが、後述する運動の法則となる。

◎自然界に存在する4つの基本力

ふだん身の周りで感じられる多くの力に対して、物理学の基礎理論では、自然界には4つの**基本力**があることが知られている。具体的には、電磁力、弱い力、強い力、重力の4つだ。

電磁力は、電荷をもった粒子（荷電粒子）の間にはたらく力だ。電荷には正負の2種類があり、電磁力は同符号の電荷の間には**斥力**としてはたらき、異符号の電荷の間には**引力**として作用する。また電磁力は、原理的には無限の遠方まで作用が到達する**遠距離力**である。後でまた述べるが、名前からわかるように、静電気力や磁力に関連する力である。

弱い力と強い力は、原子の中のさらに中心部にある原子核内ではたらく力で、核分裂や核融合を引き起こす力である。物質を構成する原子は、プラスの電荷を帯びた**陽子**と中性の**中性子**からなる原子核と、その周りのマイナスの電荷を帯びた**電子**からできている。プラスの電荷を帯びた原子核

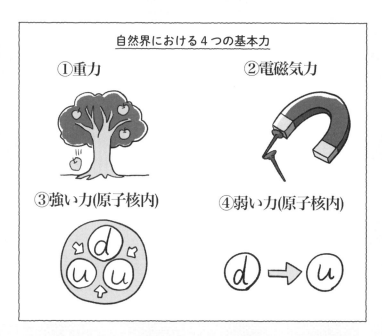

自然界における４つの基本力

①重力　　　　　　　②電磁気力

③強い力(原子核内)　　④弱い力(原子核内)

とマイナスの電荷を帯びた電子は電磁力によって結びついて、全体として原子を構成している。

　しかし、原子核に１個の陽子しか含まない水素は別として、複数の陽子を含む原子核は、プラスの電荷同士の反発力で壊れてしまいそうだ。そのような原子核が壊れないようにつなぎとめている力が強い力[1]である。

　また、中性子は原子核内部では安定しているが、核分裂などで原子核の外に出ると、15分ほどで陽子と電子と反ニュートリノに崩壊する。放射性物質のベータ崩壊では、原子核内の中性子が陽子と電子に変化し、その電子が原子核外に放出されてベータ線として観測される。このように中性子が陽子に変化するなど、粒子の種類を変える力が弱い力[2]である。

　４つめの**重力**は、地上で感じる重力と基本的には同じだが、あらゆる物質（粒子）同士の間にはたらく万有引力として、少し広くとらえている。

1　陽子同士の反発のもとになる電磁力より「強い」ため強い力と呼ばれる。ただし電磁力は原理的に無限遠まで届くが、強い力は原子核の大きさ（約100兆分の１ m）ぐらいしか届かない。

2　弱い力は電磁力の１万分の１ぐらい「弱い」。

表2.1　自然界における4つの基本力

力	力を感じる粒子	力を伝える粒子	記号
電磁力（遠距離）	荷電粒子	光子	γ
弱い力（原子核内）	クォーク、レプトン	弱ボース粒子	W、Z
強い力（原子核内）	クォーク	グルーオン	g
重力（遠距離）	すべての粒子	重力子	G

電磁力と異なり、重力は引力としてのみ作用する。また電磁力と同様に、重力も無限の遠方まで作用が到達する遠距離力である。

◎基本力と身の周りの力の関係

　身の周りのさまざまな力と物理学の基礎理論でいうところの4つの基本力とは、どういう関係にあるのだろうか。

　まず、基本力のうち、弱い力と強い力であるが、これらは核分裂や核融合などを除いて、原子核の外へは影響を及ぼすことはない。したがって、身の周りのさまざまな力とは直接は関連していない基本力である。

　また基本力のうち重力は、前にも述べたように、基本的には身の周りではたらく地球からの重力と同じものだ。ただし、地球からの重力だけでなく、太陽からの重力や星々の間の重力もすべて考えての重力である。あらゆる物質同士の間には、重力と呼ばれる万有引力がはたらき、その大きさは物質の量に比例しているので、地球のように非常に大きな物体からはたらく重力は、人間同士の間にはたらく重力よりも圧倒的に大きいのである。

　身の周りの力のうち、加速による力や遠心力などの慣性力はどうだろうか。慣性力は、加速運動をしていない人や、メリーゴーランドの外にいる人は感じない。一方、メリーゴーランドで回転している人にも、その外にいる人にも、重力は同じように作用する。そこで、慣性力に対して、重力のことを**真の力**と呼ぶこともある。真の力と慣性力を等価なものだと考えるのが一般相対論の極意となる。

　先に挙げた身の周りの力で残っているのが、抗力、バネの力（弾性力）、

摩擦力、粘性力、空気抵抗、圧力（浮力も含む）、静電気力、磁力などだ。一方、4つの基本力で残っているのが電磁力である。では、電磁力だけでこれらさまざまな身の周りの力を説明できるのだろうか。実はできるのである。

　原子の大きさは0.1 nm 程度だが、原子核の大きさはさらにその1万分の1ぐらいしかない。すなわち、原子の内部はほとんど空虚なのだ。したがって、原子からできた物質の内部も、固体物質でさえ内部はスカスカなのである。にもかかわらず、机に手をついたとき、机も手もスカスカなのに、手は机にめり込まずに抗力を受ける。この原因は電子の存在と分布である。

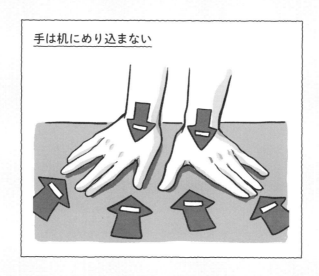

　電子は原子の内部で均等に分布しているわけではなく、原子核を覆うように分布している。その結果、原子核にプラスの電荷が、原子核を覆うようにマイナスの電荷が分布し、電荷の分布は一様ではない。そして、机の表面付近では、原子核を取り囲むマイナスの電荷が広く分布することになる。手の表面付近でも同様である。そして、机と手が接触したときは、マイナスの電荷同士の反発力（電磁力）で、物体同士がめり込むことができない。これが抗力の正体だ。

　摩擦力や粘性力も、物体や物質中の電子の作用が原因である。空気抵抗

電磁力で身の周りの力の多くは説明できる

や圧力も、原子や分子において電子が表面に偏って分布しているため、原子や分子が衝突したときに反発する力が原因である。

　結局のところ、重力を除いて、身の周りではたらいている力のほとんどすべては電磁力ということになる。

2　運動の法則

　力がはたらくと運動が変化する。逆に言えば、力がはたらかないと運動は変化しない＝静止したままか運動していて一定速度のままである。物体の運動（速度や加速度）と力は関係していることがわかるが、それを端的に表したのがニュートンの運動の法則である。

◎運動の第一法則と慣性

　机の上の本や筆記具、部屋の中の家具やテレビなどは、勝手に動き出すことはない。押したり引いたり持ち上げたりするような外からのはたらき（作用）があってはじめて動き出す。最初に静止していたものは、外部からの作用がない限り、ずっと静止した状態のままのようにみえる。

図2.1　運動の第一法則

運動の第一法則（慣性の法則）
　物体に力がはたらいていなければ、静止している物体はそのまま静止し続けるし、運動している物体は等速直線運動を続ける。

動

静

　逆に、最初に動いている場合、物体と地面（床）の間で「摩擦」がはたらくために、物体は止まってしまうだろう。物体が地面に接触していなくても、空気の「抵抗」があるので、地上で運動している限り、やがては止まってしまうだろう。しかし、地面もない空気もない宇宙空間ならば、物体は止まらずに動き続ける[3]。したがって、外部から摩擦や抵抗など何らかの力がはたらかない限り、動いていた物体は最初の状態のまま動き続ける。同じ速さで最初の方向へ真っ直ぐに動き続ける運動を**等速直線運動**と呼ぶ。

　運動に関する以上のような性質を、**運動の第一法則**と呼ぶ。

　なお、止まっているものは止まり続けようとし、動いているものは動き続けようとするように、物体がその状態を維持し続けようとする性質のことを**慣性**（inertia）と呼ぶ。そこで、運動の第一法則を別名、**慣性の法則**と呼ぶ。

3　宇宙空間とはいっても、国際宇宙ステーション ISS（高度400 km）の高度だと、まだ希薄な空気があるので、ISS の高度は少しずつ落ちていく。そのため、ISS はときどき軌道修正して高度を上昇させている。

図2.2　慣性の例

◎運動の第三法則と力学平衡

　家の大黒柱や門柱などを手で押せば、同じくらいの強さで押し返される。重い荷物を積んだ台車を引っぱれば、後ろに引っぱり返される。単純に地面に立っているだけでも、足の裏には地面から押し返してくる力を感じることができる。このように、押したら押し返されるし、引いても引っぱり返されるような、とても当たり前っぽい性質を、**運動の第三法則**とか、**作**

図2.3　運動の第三法則

運動の第三法則（作用反作用の法則）
物体 A から物体 B に力（作用）がはたらくと、その力と大きさは同じで向きが反対の力（反作用）が、物体Bから物体Aにはたらく。

用反作用の法則と呼ぶ。

　物体に力がはたらいていなければ静止している物体は静止したままだが（慣性の法則）、物体が静止しているからといって、力がはたらいていないとは限らない。物体に2つの力がはたらいていて、しかもそれらの力が同じ大きさで反対方向ならば2つの力は釣り合い、物体は静止したままとなる[4]。このような力が釣り合った状態を**力学平衡**と呼ぶ。

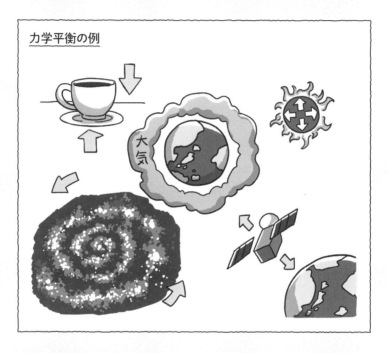

力学平衡の例

　力学平衡の身近な例としては、たとえば、机の上に置かれたパソコンのモニタやコーヒーカップなどは、それぞれの物体にかかる重力と机からの抗力が釣り合っている。

　地球の大気だと、空気にも重さがあるのに落ちてこないのは、大気の各部のかかる重力と上向きの圧力（勾配力）が釣り合っているからだ（静水圧平衡と呼ぶ）。

4　物体に作用する力はいくつでも構わない。複数の力が働いていても、力のベクトルを考えて、そのベクトル和が0になっていれば、力は釣り合っている。

ほぼ水素ガスでできた星々も同様で、星の内部の各部には他の部分のガスからの重力がはたらいているが、中心から外向きのガスの圧力勾配が各部のガスを支えている。

地球の周りの人工衛星の運動や月の運動、そして太陽の周りの地球の公転運動などでは、重力と遠心力が釣り合っている。同様に、円盤状の渦状銀河においても、星々（とダークマター）のつくる重力場に抗しているのは、星々の回転運動である。

一方、星々が丸く集まった球状星団や楕円銀河では、一見、回転運動はないようにみえる。たしかに、これらの天体では渦状銀河のような全体で揃った回転運動はないが、これらの天体でも個々の星々はそれぞれランダムな方向で中心の周りを回転運動しているのである。

◎運動の第二法則とニュートンの運動方程式

物体は外部からのはたらき（作用）が何もなければ、止まっていたものは止まったままだし、動いていたものはそのまま同じ速度で動き続ける（慣性の法則）。逆に言えば、止まっていたものが動き出したり、動いていたものが加速したり減速したりするためには、外部から何らかのはたらき（作用）が必要になる。このとき、物体に外部から与えた力（作用）［単位は $N = kg \cdot m/s^2$］を物体の質量［単位は kg］で割ると、物体の運動の変化である加速度［単位は m/s^2］となる。これを**運動の第二法則**、あるいは簡単に**運動の法則**と呼ぶ。

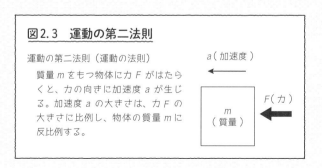

図2.3　運動の第二法則

運動の第二法則（運動の法則）
　質量 m をもつ物体に力 F がはたらくと、力の向きに加速度 a が生じる。加速度 a の大きさは、力 F の大きさに比例し、物体の質量 m に反比例する。

a（加速度）

m（質量）

F（力）

文章で表すととてもまどろっこしいが、数式では単純だ。質量 m の粒子に力 F が働いて加速度 a で動くとき、粒子がしたがう運動方程式は、

$$ma = F$$

と表される。ここで、力 F は剛体的な力でも、摩擦力でも、電磁気力でも、重力、遠心力、輻射力でも何でもよい。

　重要な点は、この式が性質の異なった異質な3つの物理量 m、a、F を結びつけたものだという点だ。その結果、以下のように読むことができる。

・質量 m の粒子に力 F が働いたときの加速度は a になる。
・質量 m の粒子に加速度 a を与える力は F である。
・力 F をはたらかせて加速度が a になれば質量は m である。

　なお、高校物理などでは、$F = ma$ と表記されることが多いが、科学の現場では普通は逆に、$ma = F$ と表記する。物体は1つだが、上にも表したように、物体にかかる力はしばしば複数あるためだ。ma を左辺に置いて、

$$ma = F_1 + F_2 + F_3...$$

と右辺に複数の力を置いた方が収まりがよく、表現しやすい。作用 F_1 と反作用 F_2 が釣り合っている場合も、$F_1 - F_2 = ma = 0$ と書くと違和感があるが、$ma = F_1 - F_2 = 0$ だと明瞭に力の釣り合いが表現できる。

問題㉔

　上向きに x 軸を取った座標系で質点 m に下向きに一定の重力加速度 g がはたらいている場合の落下運動を解析せよ。

解答㉔

運動方程式 $ma = F$ において、まず左辺の加速度 a は速度 v の時間微分なので、

$$m\frac{dv}{dt} = F$$

と変形できる。さらに速度 v は座標 x の時間微分なので、$v = \frac{dx}{dt}$ を入れると、

$$m\frac{d^2x}{dt^2} = F$$

のように表せる。

微分と積分の関係

		x			
x を t で微分	$\frac{dv}{dt}$ ↓		↑	v を t で積分	$\int v dt$
		v			
v を t で微分	$\frac{dv}{dt}$ ↓		↑	a を t で積分	$\int a dt$
		a			

一方、質量 m の質点に重力加速度 g がはたらいているときの重力の大きさは mg であり、下向きであることからマイナスの符号を付けたものが右辺の力 F である。したがって、落下運動における運動方程式は具体的には、

$$m\frac{d^2x}{dt^2} = -mg$$

となる。さらに全体を質量 m で割って、

$$\frac{dv}{dt} = \frac{d^2x}{dt^2} = -g$$

となる。この式を時間で積分すると、速度として、

$$v = \frac{dx}{dt} = -gt$$

が得られる。ただし、$t = 0$ で $v = 0$ とした。さらに、この速度を時間で積分すると、

$$x = -\frac{g}{2}\,t^2$$

となる。ただし、$t = 0$で$x = 0$とした。

第3章
質量とエネルギー

本章の概要

　本書で扱うアインシュタインの式は、現実の物理世界に存在する実体である質量とエネルギーに関する関係式である。現在においてもなお「質量とは何か」「エネルギーとは何か」について、その本質が完全に理解されているわけではない。本章では、質量やエネルギー、そして保存則について、現在までの理解を紹介しておく。

本章の流れ

　まず1で、質量とはそもそも何なのかについて簡単に述べる。
　次に2で、エネルギーについてさまざまな例をあげて何となく感じを摑んでもらいたい。
　そして3で、物理世界に基本則である保存則についてまとめておく。

● この章に出てくる数式

　いろいろなエネルギーの式が出るが、なんとなく眺めてもらえばよいだ
ろう。

本書の最終目標であるアインシュタインの式は、従来はまったく別の物理量であった質量とエネルギーを結びつけた式である。ここでは、相対論以前の（ニュートン的な）立場で、質量とエネルギーについてまとめておこう。また合わせて、時間・空間、運動の法則、質量、エネルギーが揃ったこの段階で、いくつかの基本的な保存則についても触れておきたい。

第3章

1 質量

ニュートン力学でも相対論においても、**質量**（mass）は物体や物質の量を表すものだ。後でも述べるように、質量は勝手に増えたり減ったりしないし、複数のモノを合わせたモノの総質量は、もとの複数のモノの各質量の和に等しい（質量の加算性）。そして同じ物体の質量はだれが測っても同じになるし、違う方法で測っても質量は変わらない。質量を表す記号としては、質量（mass）の頭文字を取って、M や m で表すことが多い。

表3.1 さまざまな物体の質量

物体	質量
電子	9.1×10^{-31} kg
水素原子	1.7×10^{-27} kg
大腸菌	7×10^{-16} kg
ヒトの卵子	1.5×10^{-9} kg
家猫（大）	8 kg
月	7.4×10^{22} kg
地球	6.0×10^{24} kg
太陽	2.0×10^{30} kg
天の川銀河	3.6×10^{41} kg

99

◎質量の測り方

　日常生活ではしばしばモノの重さを測る。たとえば、食材の重さは台所のバネばかりで測るだろうし、体重は体重計で測る。これらは食材や身体にはたらく地球重力の強さを、バネの伸び縮みで測定する方法だ。封書といった軽いものは天秤で測ったりするが、これも封書にはたらく地球重力の強さをテコの原理を用いて測定する方法だ。

　天体の質量となると、さすがに体重計で測ることはできないが、やはり重力、万有引力の性質をもちいて測ることになる。

図3.1　質量の測り方

 問 題 ㉕

　特殊な器具を使わずに、針のような軽いモノの質量を量るにはどうしたらいいだろう。逆に、ゾウのような重いモノはどうしたらいいだろう。

解答㉕

　軽いモノについては、100本とか1000本とか合わせた重さを量って個数で割る。重いモノは、同じ舟を2艘用意し、一方にゾウを載せ、もう一方に吃水（船が水に浮かんでいるときの、船の最下面から水面までの距離）が同じになるまで岩石などを積載して、後で岩石の合計質量を求める。

2　エネルギー

　質量に対して、エネルギーはさらにつかみにくい概念だろう。**エネルギー**（energy）は物体や物質、さらには現象の有するある種の量を表していて、定義的には、物理的な意味での**仕事**をする能力、仕事に換算できる量のことだ。質量と同じくエネルギーにも加算性があり、複数の系の総エネルギーは、各系のエネルギーの和に等しい。また、1つの系が何種類かのエネルギーを有している場合、全エネルギーは各種のエネルギーの和に等しい。

　エネルギーを表す記号としては、エネルギー（energy）の頭文字を取っ

表3.2　さまざまな事象のエネルギー	
事象	エネルギー
水素燃焼（水1モル）	284 J
TNT火薬1トン	4.2×10^9 J
雷	10^{10} J
広島型原爆（15キロトン）	6×10^{13} J
火山爆発（浅間山1938年）	10^{15} J
ビキニ水爆（15メガトン）	6×10^{16} J
マグニチュード8の地震	10^{17} J
新星爆発	10^{36} J
超新星爆発	10^{44} J

て、E や e が使われる。

◎エネルギーの種類

　もう少しイメージをつかむために、いろいろなタイプのエネルギーと、その表式をあげていこう。

　以下にそれぞれのエネルギーを表すいろいろな表式が出てくるが、これらは「そういうものだ」と思って読み流してもらえばいいかと思う。

(1) 運動エネルギー

　投げたボールや疾走する自動車など、ひと塊の物体が運動しているときに、その物体の運動に伴うエネルギーが**運動エネルギー**（kinetic energy）である。質量 m の物体が速度 v で運動しているとき、その運動に伴う運動エネルギー E_{kin} は、

$$E_{\mathrm{kin}} = \frac{1}{2} m v^2$$

で表される。単位質量当たりの運動エネルギーは、

$$\frac{E_{\mathrm{kin}}}{m} = \frac{1}{2} v^2$$

である。

図3.2　運動エネルギー

運動エネルギーは速度の2乗に比例するので、たとえば車の場合、時速50 km よりも時速100 km の方が運動エネルギーは4倍も大きい。

　モノは常にひと塊の物体で存在しているわけではない。大地（固体）にせよ水（液体）にせよ空気（気体）にせよ、星々を形づくるプラズマガス（電離気体）にせよ、空間に拡がっていることも多い（**連続体**と呼ぶ）。

　河の流れにせよ宇宙気流にせよ、連続体も動いていれば運動エネルギーをもっている。ただし、1個の物体としての質量 m は決められないので、連続体の場合は、単位体積当たりの質量、すなわち密度 ρ を用いて、連続体の動きに伴う単位体積当たりの運動エネルギー E_{kin} として、

$$E_{\mathrm{kin}} = \frac{1}{2}\rho v^2$$

を考える。連続体の場合も、単位質量当たりの運動エネルギーは、

$$\frac{E_{\mathrm{kin}}}{\rho} = \frac{1}{2}v^2$$

となり、物体の場合と同じになる。

　連続体の運動エネルギーも日常的に感じている。風が吹いたときの風圧がそうだ。風圧は風のもつ運動エネルギーをほぼ圧力として受けたようなもので、やはり速度の2乗に比例する。

図3.3　連続体の運動エネルギー

(2) ポテンシャルエネルギー

　物体がある状態に置かれているときに、潜在的（potentially）に有する
エネルギーを一般に**ポテンシャルエネルギー**（potential energy）と呼ん
でいる。以下の重力ポテンシャルエネルギー（位置エネルギー）、電磁ポ
テンシャルエネルギー、化学ポテンシャルエネルギーなどがある。

(3) 位置エネルギー

　地上のような一定の重力加速度 g がはたらいている場所で、地表から高
さ h に置かれた質量 m の物体が、高さ 0 の地表に対して有するポテン
シャルエネルギー E_{pot}（この場合はとくに**位置エネルギー**と呼ぶ）は、

$$E_{pot} = mgh$$

で表される。単位質量当たりの位置エネルギーは、

$$\frac{E_{pot}}{m} = gh$$

である。

　たとえば、この物体が滑車に付いた錘だとすれば、地面に落ちることで、
別のモノを持ち上げるなどの仕事をすることができるわけだ。しかし、物
体が高さ h に置かれたままだと何の役にも立たないので、その意味で潜在
的なのである。

図3.4　位置エネルギー

連続体の場合ももちろん位置エネルギーはあって、運動エネルギーと同様に、密度 ρ を使い、単位体積当たりでは、

$$E_{\text{pot}} = \rho g h$$

単位質量当たりでは、

$$\frac{E_{\text{pot}}}{\rho} = gh$$

となる。

たとえば、水力発電所などは、高さ h の落差を密度 ρ の水を落として、その位置エネルギーを有用な電力に変えている。

(4) 重力エネルギー

地上では重力加速度 g がほぼ一定だが、天体周辺まで拡がると重力加速度は距離によって変わるので、表式も変わる。質量 M の天体から距離 r に置かれた質量 m の物体のポテンシャルエネルギー E_{pot}（この場合はとくに**重力エネルギー**と呼ぶ）は、

$$E_{\text{pot}} = -\frac{GMm}{r}$$

で表される[1]。単位質量当たりの重力エネルギーは、

$$\frac{E_{\text{pot}}}{m} = -\frac{GM}{r}$$

である。

たとえば、この物体が太陽系外から飛来する彗星だとすると、太陽の重力ポテンシャルの中を落下するにつれて重力エネルギーが解放され、彗星の飛行速度が増加する（後述するエネルギー保存の法則から）。

連続体の場合の重力エネルギーは、単位体積当たりでは、

$$E_{\text{pot}} = -\frac{GM\rho}{r}$$

---

1 地表の場合は地面を基準にして測るので符号は正だったが、天体の場合は無限遠を基準にするため符号は負になる。

図3.5 重力エネルギー

単位質量当たりでは、

$$\frac{E_{\mathrm{pot}}}{\rho} = -\frac{GM}{r}$$

となる。

　たとえば、ブラックホールの周りから密度 ρ の星間ガスが降ってくると、ブラックホールの重力ポテンシャルの中を落下して解放された重力エネルギーは、ガスの加熱に使われ、ガスは光り輝き始める（後述するエネルギー保存の法則から）。

　なお、物体の場合でも連続体の場合でも、単位質量当たりの重力エネルギーの表式は変わらない。そこで、一般的な表現として、単位質量当たりの重力エネルギーを ϕ という変数で表し、質量 m の物体の重力エネルギーは、

$$E_{\mathrm{pot}} = m\phi$$

連続体の単位体積当たりでは、

$$E_{\mathrm{pot}} = \rho\phi$$

と表すこともある。

(5) 力学的エネルギー

　ここまで述べてきた、運動エネルギーとポテンシャルエネルギーを合わせて、**力学的エネルギー**（dynamical energy）と呼ぶ。

　質量 m の物体の力学的エネルギー E_{dyn} は、

$$E_{\mathrm{dyn}} = \frac{1}{2}mv^2 + m\phi$$

であり、単位質量当たりの力学的エネルギーは、

$$\frac{E_{\mathrm{dyn}}}{m} = \frac{1}{2}v^2 + \phi$$

となる。

　同様に、密度 ρ の連続体の力学的エネルギー E_{dyn} は、

$$\frac{E_{\mathrm{dyn}}}{\rho} = \frac{1}{2}\rho v^2 + \rho\phi$$

であり、単位質量当たりでは、

$$\frac{E_{\mathrm{dyn}}}{\rho} = \frac{1}{2}v^2 + \phi$$

となる。

　以上ぐらいまで並べ立ててみると、単位質量当たりの表現の共通さ

図3.6　力学的エネルギー

や、φで一般化した便利さが、なんとなくほんわかと滲み出てきたかもしれない。

　力学的エネルギー（運動エネルギー＋位置エネルギー）以外にも、熱（内部）エネルギー、光（輻射）エネルギー、電気エネルギー、磁気エネルギーなどなど、多種多様なエネルギーの形態がある。以下では、熱（内部）エネルギーと光（輻射）エネルギーの表式を示す。

(6) 熱（内部）エネルギー

　物体・物質を構成する原子や分子のミクロな熱運動に伴うエネルギーが**熱エネルギー**（thermal energy）だが、外部からわかる運動エネルギーや外場による位置エネルギーに対して、しばしば**内部エネルギー**（internal energy）とも呼ばれる。

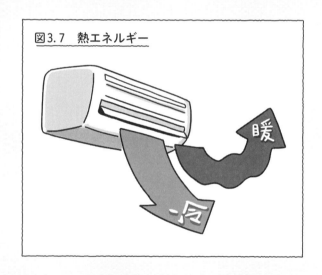

図3.7　熱エネルギー

　固体物質にも液体にも内部エネルギーはあるが、ここでは、表式が単純なので、粒子間に相互作用のない気体、すなわち**理想気体**の内部エネルギーを示そう。密度が ρ、圧力が p、温度が T で、比熱比[2]が γ、そして平

2　比熱比は構成粒子の熱力学的性質で決まる量で、窒素分子、酸素分子、水素分子などだと $\gamma = 7/5$、水素原子ガスだと $\gamma = 5/3$ になる。

均分子量[3]が μ である理想気体の内部エネルギー E_{gas} は、R_{gas} を気体定数として、単位体積当たりでは、

$$E_{gas} = \frac{1}{\gamma - 1} p = \frac{1}{\gamma - 1} \frac{R_{gas}}{\mu} \rho T$$

であり、単位質量当たりだと、

$$\frac{E_{gas}}{\rho} = \frac{1}{\gamma - 1} \frac{p}{\rho} = \frac{1}{\gamma - 1} \frac{R_{gas}}{\mu} T$$

となる。

　構成粒子の性質に依存する係数を別にすれば、理想気体の単位質量当たりの内部エネルギー（熱エネルギー）は、気体の温度 T に単純に比例する。

(7) 輻射（光）エネルギー

　水や空気のように身の周りに満ちあふれた連続体の一種に光がある。熱せられた鉄や高温のガス体である太陽など、さまざまな物体はその温度に応じた**熱放射**（thermal radiation）を放射している。表面温度が 6000 K の太陽は、6000 K という高温のために主に可視光で熱放射を出しているが、人間でも体温（300 K）に応じて主に赤外線領域で熱放射を出している（サーモグラフィは人間の熱放射を見ている）。純粋な熱放射はしばしば**黒体放射**とか**黒体輻射**（blackbody radiation）とも呼ばれる。このような熱放射・黒体輻射もエネルギーを有しており、**輻射（光）エネルギー**（radiation energy）と呼ばれる。

　温度が T の黒体輻射の輻射（光）エネルギー E_{rad} は、単位体積当たりでは、

$$E_{rad} = aT^4$$

であり、単位質量当たりだと、

$$\frac{E_{rad}}{\rho} = \frac{aT^4}{\rho}$$

3　平均分子量は構成粒子の分子量の平均で、水素分子だと $\mu = 2$、水素原子ガスだと $\mu = 1$ になる。

となる。ここでaは放射定数と呼ばれる定数である。

理想気体の内部エネルギー（熱エネルギー）は気体の温度Tに比例したが、輻射エネルギーは温度の4乗に比例する。

(8) 全エネルギー

ここまで出てきた、運動エネルギー、位置（重力）エネルギー、熱（内部）エネルギー、光（輻射）エネルギーのすべてを合わせたものが**全エネルギー**（total energy）である。質量mの物体よりは、密度ρの理想気体の方が並べやすい。すなわち、密度ρ、温度Tで光り輝く理想気体の全エネルギーE_{tot}は、

$$E_{\text{tot}} = \frac{1}{2}\rho v^2 + \rho\phi + \frac{1}{\gamma-1}\frac{R_{\text{gas}}}{\mu}\rho T + aT^4$$

であり、単位質量当たりでは、

$$\frac{E_{\text{tot}}}{\rho} = \frac{1}{2}v^2 + \phi + \frac{1}{\gamma-1}\frac{R_{\text{gas}}}{\mu}T + \frac{aT^4}{\rho}$$

となる。

3　保存則と不変量

質量やエネルギーそして運動の性質に関しては、いくつかの保存則が存在する。これらの保存則はニュートン力学でも相対論でも存在するもので、この世界と物理学の根底をなす原理である。

◎質量の保存とエネルギーの保存

先にも述べたように、この世の中は、光（光子）のように質量のない粒子（力）と、陽子や中性子や電子のように質量のある粒子（物質）から成り立っていることは事実と考えていいだろう。そして、質量の本質はまだ理解できていないものの、質量は物質の存在量そのものであり、勝手に増えたり減ったりはしない。また複数のモノを合わせたモノの総質量は、もとの複数のモノの各質量の和に等しい（質量の加算性）。そして同じ物体

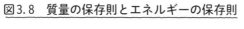

図3.8 質量の保存則とエネルギーの保存則

の質量は誰が測っても同じになるし、違う方法で測っても変わらない。このことを**質量の保存（則）**と呼んでいる。

　物質が勝手に消えたり無から有が生まれたりしないことは経験的にはよく知られているし、化学反応の前後で質量が保存することは実験的にも実証されている。

　一方、質量が保存する理論的な裏付けとしては、質量の保存は時間の経過と密接に関係している。そもそも「質量が保存する」ということの意味は、時間が経過しても物質の量が変化しないということだ。したがって、時間は質量が変化しないような流れ方をしていると考えるべきだろう。具体的には時間軸方向に「平行移動」しても質量が変わらない（不変量）ような流れ方になるので、**時間の流れが一様**であり、流れ方に変動がないということであろう。

　エネルギーについても同じことがいえる。先に示したように、エネルギーにはさまざまな形態があるものの、無から生まれたり消えたりはしない。形態は変化しても全エネルギーは変化しない。このことを**エネルギー保存（則）**と呼んでいる。

　相対論以前では、質量の保存とエネルギーの保存は、それぞれ別枠の法則と考えられていたが、質量とエネルギーがお互いに変化することがわかったため、相対論以降は、**質量・エネルギーの保存（則）**とより大きな枠を与えることとなった。

◎運動量の保存と角運動量の保存

　他の保存則としては、運動量の保存と角運動量の保存がある。質量保存とエネルギー保存が時間の流れと関係していた保存則であるのに対し、こちらは空間の性質と関連している保存則だ。

　まず運動量は、野球のボールとテニスボールを使ってキャッチボールをするとして、同じぐらいの速さで投げるなら、テニスボールよりも野球のボールの方が受けたとき手の衝撃は強いだろう。また同じ野球のボールでも、ゆっくり投げるよりは速く投げたときの方が受けたときの方が衝撃は強い。

　これらのことから、物体の（直進）運動では、物体の質量と速度が重要であることがわかる。物体の質量 m と速度 v の積 mv を**運動量**（momentum）と呼ぶ。そして、物体の衝突の前後や力学的な現象では**運動量が保存**される。

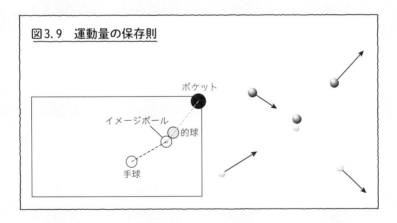

図3.9　運動量の保存則

ポケット

イメージボール

的球

手球

　身の周りの世界だけでなく、ミクロな世界においても、たとえば素粒子同士の衝突ではやはり運動量は保存される。一方、光速に近い相対論的な現象でも運動量は保存される[4]。

　物体の直進運動において運動量が保存されるということは、空間を「平行移動」する座標変換をしても運動量が変わらないということを意味する。

4　運動量の定義は多少変える必要があるが。

言い換えれば、平行移動に対して**空間が一様**であり、空間の状態が変化しないことを意味している。

　直進運動における運動量の保存と同じような性質が回転運動にも存在する。

　回転運動の場合には回転の半径も重要で、物体の質量 m と回転半径 r と回転速度 v の積 mrv を**角運動量**（angular momentum）と呼ぶ。そして回転運動では**角運動量が保存**される。

　たとえば、フィギアスケートのスピンでは、最初は腕を伸ばしてゆっくり回転していたのが、腕を縮めると回転が速くなる。角運動量が保存されるために、回転半径を小さくすると回転速度が大きくなるのだ。

　太陽の周りの惑星や彗星の軌道運動でも、角運動量が保存するため、太陽から遠くて軌道半径が大きいと公転速度が遅く、太陽に近づいて軌道半径が小さくなると公転速度が大きくなる。

　角運動量の保存も空間の性質と密接に関係している。すなわち、角運動量が保存されるということは、物体の空間内における回転変換に対して、角運動量が変わらないということを意味する。回転変換に対して空間の性質が同じということは、**空間が等方的である**ことを示している。

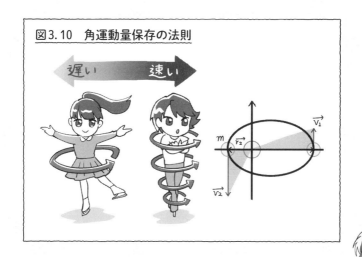

図3.10　角運動量保存の法則

遅い　　速い

第4章

物理量としての
時空

本章の概要

　本章からいよいよ、$E = mc^2$ を証明するための基礎づくりとして、特殊相対論の基本原理と、物理量としての観測される時間・空間について考えていこう。

本章の流れ

　まず1で、特殊相対論の基本原理である光速度不変の原理と特殊相対性原理を紹介する。
　次に2で、個々の観測者固有の時空である慣性系と、慣性系から観測した他の運動系を設定する。
　そしてこれらの原理と舞台設定のもとで、3ではいわゆる時間の遅れを証明しよう。
　また4では、ローレンツ＝フィッツジェラルド短縮と呼ばれる空間の短縮を導こう。
　最後に5で、同時の相対性と呼ばれる現象について簡単に触れておく。

● この章に出てくる数式

時間の遅れ　$t = \dfrac{\tau}{\sqrt{1 - \dfrac{v^2}{c^2}}}$

時間の遅れとローレンツ因子　$t = \gamma\tau, \ \gamma \equiv \dfrac{1}{\sqrt{1 - \dfrac{v^2}{c^2}}}$

空間の短縮　$\ell = \sqrt{1 - \dfrac{v^2}{c^2}}\,\lambda$

空間の短縮とローレンツ因子　$\ell = \dfrac{1}{\gamma}\lambda; \ \gamma \equiv \dfrac{1}{\sqrt{1 - \dfrac{v^2}{c^2}}}$

相対論では、その名前の由来どおり、さまざまな物理量が観測者によって異なる値を取るという点で、すべてが相対的になる。時間や空間についても例外ではなく、絶対的なものではなくなった。もっとも、相対論以前でも、たとえば物体の速度は、静止している観測者と動いている観測者とでは違って観測される物理量だった。相対論では、時間や空間でさえ、静止している観測者と動いている観測者とでは違う実質として観測される物理量なのだ。

1　光速度不変の原理

特殊相対論の基盤となる2本の柱が、誰から見ても光速度は同じという考え方（**光速度不変の原理**）と、静止している人にとっても運動している人にとっても誰にとっても、自然の法則は同じように成り立つという考え方（**特殊相対性原理**）だ。

光（電磁波）は真空中を秒速30万 km の速さで伝わる[1]。光の速さ（光速度 c）は、何か特別な速度のように思える。もし光速度で飛んでいく「光」を、同じ光速度で追いかけたら、「光」はどう見えるだろう。日常的な感覚では、「光」と同じ速さで併走すれば、「光」は止まって見えるように思える。しかし、アインシュタインの直感はこれを否定した。光は誰から見て

1　光の速さ（光速度）c = 2 9979 2458 m/s（＝秒速約30万 km）

117

も光速度 c で走る「光」だというのが、アインシュタインの答えだった。
すなわち、「どんな速度で運動している観測者が測っても、光の速さはつねに光速度 c になる」という考え方が光速度不変の原理[2]である。光速度は観測者によらない不変量なのである。

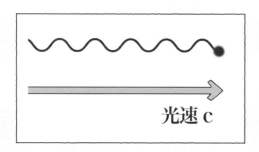

問題㉖

別に光と併走しなくてもよい。時速300 km（秒速83 m）で走る新幹線のぞみから、同じ速度すなわち秒速83 mで前方にボールを打ち出したとする。線路脇で測定したボールの速度はいくらになるか。

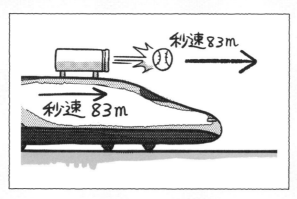

解答㉖

もちろん 83 + 83 = 166 m/s になるはずだ。

問題㉗

　宇宙には、ブラックホールを含むブラックホール連星から、細く絞られた高温ガス流（ブラックホールジェット）が、光速の92％の速度で吹き出している現象が見つかっている。一方、光速の半分の速度で宇宙を飛翔する中性子星やブラックホールもある。

　では、光速の半分の速度で飛翔するブラックホール連星系から、進行方向に光速の92％の速度でジェットが吹き出したら、静止した観測者からはどう見えるだろうか？

2　証明することはできないが、だれもが正しいと考える言明（命題）のことを「原理」と呼ぶ。それに対して、証明あるいは実証できる命題は一般に「定理」や「法則」という。光速度不変の原理自体も証明することはできない。しかし光速度不変の原理から導かれた数多くの相対論的な現象はすべて実験で実証されており、光速度不変の原理自体も正しいと考えられている。

ブラックホール連星の運動速度自体は光速の半分で観測される。しかしジェットの速度は光速の92％にはならず、両者を合わせて光速を超えることはない（後述の速度の合成を参照）。

2　慣性系と共動系

　ニュートン物理学の描像では、時間は誰に対しても共通の絶対時間であり、誰にとっても同じという意味で、ある種の不変量だった。しかし、光速度を不変量とする相対論では、時間や空間は逆に不変量ではなくなり、それぞれの観測者に固有の物理量―**固有時間**（proper time）―となる。

　さて、外部からの力が働かなければ、物体は静止しているか、あるいは速度が一定のまま等速直線運動を行う。これは相対論でも変わらない。いちいち「外部からの力を受けずに慣性の法則にしたがって等速直線運動をしているシステム」というのは面倒なので、普通は簡単に**慣性系**（inertial system）と呼ぶ。

　等速直線運動する電車や飛行機、ロケットや宇宙船や天体など、慣性系は無数に存在する。また慣性系では力が働いていないので、慣性系は無重

力状態である。そして、それぞれの慣性系では、それぞれの固有時間を
もっている。通常の時間は time の頭文字 t で表すことが多いが、固有時間
はギリシャ語の t に相当する τ（タウ）で表すことが多い。

またしばしば、静止している観測者と、それに対して運動している観測
者を考えて、相対的な違いを比較する。その場合、前者を**静止系（慣性系）**
と呼び、後者を**運動系（共動系[3]）**と呼ぶ[4]。また静止系（慣性系）の固有
時間を t、運動系（共動系）の固有時間を τ や t' で表すことが多い。

表4.1　静止系（慣性系）と運動系（共動系）の変数		
	静止系／慣性系	運動系／共動系
時間の変数	t	τ, t'
長さの変数	ℓ	λ

3　時間の遅れ

　光速度不変の原理を基盤とする特殊相対論においては、時間は絶対的な
ものではなく、観測者によって異なる相対的なものとなった。光速度不変
の原理を認めて、時間や空間に対する従来の固定観念を捨て去れば、たと
えば、運動している相手の時間が遅れて見える現象はすぐに証明できる。
ここでは光時計というアイテムを用いて、いわゆる時間の遅れを証明しよ
う。

◎アイテム光時計

　何も変化しない世界では、時間の経過を計ることはできない。同じ周囲
で繰り返し起こる現象・事象を用いて時の経過を計るのだ。たとえば、地
球の自転を用いて1日を決めたし、地球の公転を用いて1年を定めた[5]。

3　運動している物体と共に動く系という意味合い。

4　実験物理では、前者を実験室系、後者を粒子系と呼ぶことも多い。

5　現在では光速を用いて1秒を定義している（序章）。

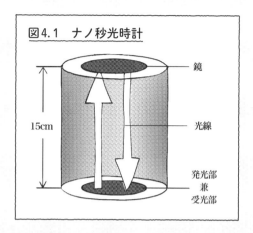

図4.1 ナノ秒光時計

鏡

15cm

光線

発光部
兼
受光部

またクォーツ時計は水晶の振動で時間を計っている。

そして合わせ鏡の間の光の往復運動を「振り子」として時を刻むアイテムが**光時計**（light clock）だ。すなわち、光時計では発光部（兼受光部）と鏡が向かい合わせになっていて、発光部から鏡に向けて発射されたレーザー光線が鏡で反射され、受光部まで戻ってきて検出される。いわゆる思考実験なので光時計の長さはいくらでもいいが、話を簡単にするために、長さを15cmとしよう。長さ15cmの光時計だと、往復で30cmになり、光速で往復して1ナノ秒（十億分の1秒）かかるので、これを**ナノ秒光時計**と呼ぼう。

 問題㉘

片道15cm、往復30cmを光速で進む時間を計算してみよ。

解答㉘

30 cm ÷ 30万 km/ 秒
= 30 cm ÷ 30000000000 cm/ 秒
= 1/1000000000秒
= 10^{-9}秒

◎ナノ秒光時計を亜光速宇宙船に乗せる

　そのようなナノ秒光時計を、光速の何割という亜光速で航行する宇宙船の内と外に置いてみよう。宇宙船の外（たとえば地球）で宇宙船の外にある光時計を見ていれば、光の信号が1往復するのに1ナノ秒かかる。一方、飛んでいる宇宙船の中で宇宙船の中にある光時計を見ていても、やっぱり1往復で1ナノ秒かかるはずだ。

　では、宇宙船の外から、飛んでいる宇宙船の中にある光時計を見たらどうなるだろう。宇宙船の外から見ると、宇宙船は飛んでいるので横に移動し、その結果、光は斜めに進む。宇宙船の外から見ると、光は（単純に往復するよりも）長い距離を進まなければならないので、**光速度不変の原理**

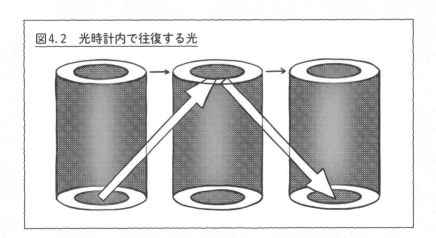

図4.2　光時計内で往復する光

123

から、長い距離を進むにはより長い時間がかかる。こうして、宇宙船の外から見ると、宇宙船の中の光時計はゆっくりと時を刻むように見えることになる。運動している物体の時間は遅れて見えるのだ。

以上は定性的な証明だが、具体的な遅れの式を数式で証明してみよう。光速度不変の原理さえ認めれば、ルート記号を習った中学生でも数式で証明することができる。

以下、静止した地球（静止系）の固有時間（地球時間）を t、運動している宇宙船の固有時間（船内時間）を τ と置く。また宇宙船の横方向の速度を v とする。光信号を往復させるのは面倒なので片道だけとし、図4.3のような直角三角形を考える。

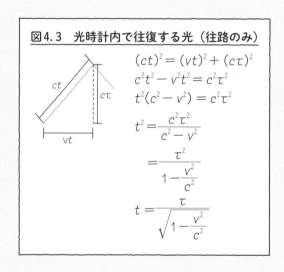

図4.3　光時計内で往復する光（往路のみ）

$$(ct)^2 = (vt)^2 + (c\tau)^2$$
$$c^2t^2 - v^2t^2 = c^2\tau^2$$
$$t^2(c^2 - v^2) = c^2\tau^2$$
$$t^2 = \frac{c^2\tau^2}{c^2 - v^2}$$
$$= \frac{\tau^2}{1 - \frac{v^2}{c^2}}$$
$$t = \frac{\tau}{\sqrt{1 - \frac{v^2}{c^2}}}$$

さて、（宇宙船の中にある）光時計を宇宙船の外から見ると、先に述べたように光線は斜辺を斜めに進むように見える。そして発光部から出た光線が「地球時間」で t（秒）かかって鏡まで達したとしよう。そうすると、斜めの長さは、光速度 c と時間 t をかけて、

$$ct$$

になる。

一方、光が斜めに走っている間に、宇宙船自体も横方向に移動する。宇宙船は横方向に速度 v で動くので、地球から観測する移動距離は、

$$vt$$

となる。

　最後に、直角三角形の縦の長さだが、ここは地球からの測定量では決められない。宇宙船内で測定すると、光時計のレーザー光線が、発光部から鏡まで到達するのに、「船内時間」で τ（秒）だけかかったとする。光は光速度 c で進むので、光時計の（もともとの）長さは、単純に速度×時間から、

$$c\tau$$

になる。

　ここでピタゴラスの定理を使うと、図からすぐわかるように、

$$(ct)^2 = (c\tau)^2 + (vt)^2$$

が成り立つ。これが地球時間 t と、速度 v で飛んでいる宇宙船の船内時間 τ の関係を表す式なのだ。たったこれだけである。

　少し整理してみよう。まず t のついた項を左辺に移動して、

$$(ct)^2 - (vt)^2 = (c\tau)^2$$
$$(c^2 - v^2)t^2 = c^2\tau^2$$

のようにまとめ、$(c^2 - v^2)$ で両辺を割り、

$$t^2 = \frac{c^2\tau^2}{c^2 - v^2} = \frac{\tau^2}{1 - \dfrac{v^2}{c^2}}$$

となる。最後に両辺のルートを取れば、

$$t = \frac{\tau}{\sqrt{1 - \dfrac{v^2}{c^2}}}$$

が得られる。

　最終的に、地球時間 t と船内時間 τ の間の関係として、

$$t = \gamma\tau = \frac{\tau}{\sqrt{1 - \dfrac{v^2}{c^2}}}$$

が得られた。

　ここで、

$$\gamma = \frac{1}{\sqrt{1 - \dfrac{v^2}{c^2}}}$$

は、高速で移動する宇宙船の相対論的な効果の度合いを表すもので、**ローレンツ因子**（Lorentz factor）と呼ばれている。速度が 0 のときのローレンツ因子 γ は 1 だが、速度が大きくなると 1 より大きくなり、速度が光速 c に近づくと無限大になっていく。いずれにせよ、ローレンツ因子は常に 1 以上なので、船内時間 τ よりは地球時間 t の方が大きくなり、船内時間の方がゆっくり進むのである。

図4.4　時間の遅れとローレンツ因子のまとめ

$$t = \gamma\tau, \quad \gamma \equiv \frac{1}{\sqrt{1 - \dfrac{v^2}{c^2}}}$$

表4.2　宇宙船の速度と船内時間と地球時間

速度 v ［光速を1とする］	ローレンツ 因子 γ	船内時間 τ で 1年経った場合の 地球時間 t［年］	地球時間 t で 1年経った場合の 船内時間 τ［年］
0	1	1	1
0.1	1.005	1.005	0.995
0.2	1.021	1.021	0.979
0.3	1.048	1.048	0.954
0.4	1.091	1.091	0.917
0.5	1.155	1.155	0.866
0.6	1.25	1.25	0.8
0.7	1.4	1.4	0.714
0.8	1.667	1.667	0.6
0.9	2.294	2.294	0.436
0.99	7.089	7.089	0.141
0.999	22.366	22.366	0.0447（約16日）
0.9999	70.712	70.712	0.0141（約5日）
0.99999	223.61	223.61	0.00447（約1日半）
0.999999	707.11	707.11	0.00141（約半日）

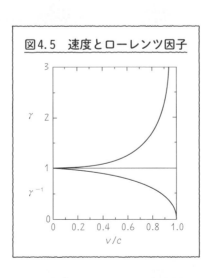

図4.5　速度とローレンツ因子

図4.6　宇宙からほぼ光速で飛来する宇宙線とミューオン

◎長生きする素粒子ミューオン

　高速で運動する物体の時間が遅れるということは、日頃の常識からすると信じがたい。しかし現在では、多くの観測や実験で実証されている事実だ。短命の素粒子の寿命が延びて観測されるのが一番いい例だろう。

　宇宙空間からは陽子などの素粒子が光速に近い速度で降り注いでいる。これら宇宙から飛来する高エネルギーの粒子を**宇宙線**と呼んでいる。

　宇宙線が地球の大気に飛び込んで、大気中の空気分子の原子核と衝突したとき、しばしば**ミューオン**と呼ばれる素粒子が発生する。ミューオンは電子と同じタイプの素粒子で、マイナスまたはプラスの電荷を持ち、電子の約200倍の質量を持っている。しかし電子と異なって、ミューオンは非常に不安定な素粒子で、約2.2マイクロ秒という短い寿命で、電子とニュートリノと反ニュートリノに崩壊する。

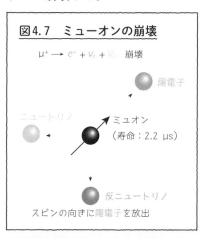

図4.7　ミューオンの崩壊

$\mu^+ \longrightarrow e^+ + \nu_e + \bar{\nu}_\mu$　崩壊

陽電子

ニュートリノ

ミュオン
（寿命：2.2 μs）

反ニュートリノ

スピンの向きに陽電子を放出

　宇宙線と原子核の衝突によって発生したミューオンは、きわめて高いエネルギーをもっていて、ほぼ光速に近い速度で運動している。したがって、ミューオンの平均的な飛行距離は、光速×平均寿命＝660ｍほどになるはずだ。

　ところが現実には、はるか上空（だいたい高度20km ぐらい）で発生したミューオンが、地球大気の数十km を走り抜け、地上まで到達しているのだ。このことは、地上（静止系）から観測したときには、亜光速で飛ぶミューオンの寿命が延びたために、走破できる飛行距離も延びたのだと考えられる。

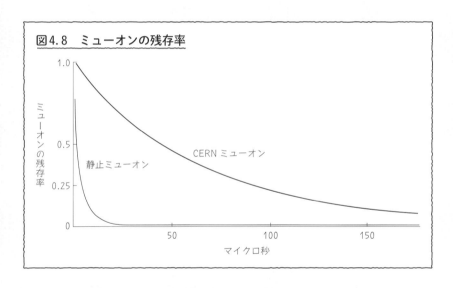

図4.8　ミューオンの残存率

◎巨大粒子加速器でも実証されている寿命の延び

　このような素粒子の寿命の延びは、地上の加速器実験でも測定されている。

　たとえば、1976年に、ジュネーブにある欧州原子核研究機構 CERN でミューオンの崩壊実験が行われた。ミューオンを光速の99.94％まで加速して、リング状の容器に貯蔵する。そして周辺に設置した装置によって、ミューオンが崩壊してできた電子を検出し、崩壊の割合を測定していった。

第４章

光速の99.94％に対応するローレンツ因子は29.3になり、したがって、寿命も約29倍だけ延びると予想された。そして、たしかに相対論の予測どおり、約1万分の1の精度で、ミューオンの寿命が約29倍も延びていることが測定された。

　最近では、はるかに高い精度で、実に1000万分の1ぐらいの精度で、すなわち1万分の1の精度のさらに1000倍も高い精度で、特殊相対論の予測が実証されている。

4　空間の短縮

　特殊相対論においては、時間と同じく空間についても、観測者によって異なる相対的なものとなった。ここではやはりアイテム光時計を用いて、空間の短縮を証明しよう。

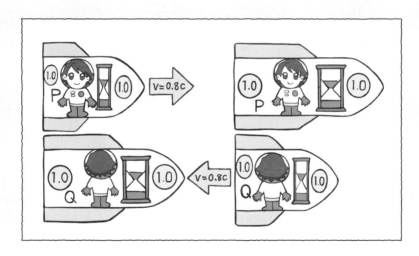

◎ローレンツ ＝ フィッツジェラルド短縮

　時間の場合は遅れる（延びる）のだが、空間の場合は進行方向に空間が縮むことになり、**ローレンツ ＝ フィッツジェラルド短縮**（Lorentz-Fitzgerald contraction）と呼ばれている[6]。

　この後で導くが、具体的には、速度に対応するローレンツ因子をγとす

ると、運動する物体（というか空間）は、その運動方向に$1/\gamma$だけ縮むことになる[7]。

◎ナノ秒光時計を横向きに置いて亜光速宇宙船に乗せる

時間の遅れでは、縦置きにした光時計が横向きに運動する状況を考えたが、ここでは横置きにした光時計が横向きに運動する状況を考える。

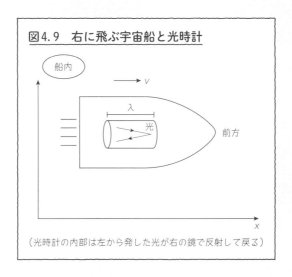

図4.9　右に飛ぶ宇宙船と光時計

船内

→ v

λ

光

前方

x

（光時計の内部は左から発した光が右の鏡で反射して戻る）

宇宙船外の静止した観測者から見て、宇宙船は右方向に速度vで運動しているとする。光時計は宇宙船内で横向きに置かれており、光は船尾方向の発光部から放射されて、船首方向の鏡で反射するとする。運動系の固有

6　ローレンツとフィッツジェラルドは、光速度が方向によって変化しない実験結果（マイケルソン＝モーリーの実験）を説明するため、1892年、「物体が運動方向に縮む」という仮説を提案した。ローレンツたちは、空間は不変だが、物体が運動方向に縮むのだと考えた。それに対してアインシュタインは、空間そのものが縮むのだと考えた点が、根本的に異なる。ローレンツたちが導いた短縮の式は相対論でもそのまま使われているが、同じ式でも、その意味はまったく違う。

7　なお、このローレンツ＝フィッツジェラルド短縮は、原理的にはそうなっているという話だ。高速で運動する物体を観測したときに、実際に縮んでみえるかというと、必ずしもそうとは限らない。というのは、物体を観測するということは、光の信号のやり取りなどの影響がからんで、それほど単純ではないためだ。物体の「実際の見え方」がどうなるかといった話はかなり複雑である。

時間（船内時間）をτ、宇宙船の中で測った光時計の長さをλと置く。一方、静止系の固有時間（地球時間）はt、船外で測った光時計の長さをℓとする。

まず船内で光時計を光が往復する時間は、船内での光時計の長さλの2倍を光が進む時間なので、

$$\tau = \frac{2\lambda}{c} \quad \cdots\cdots\cdots ①$$

である。

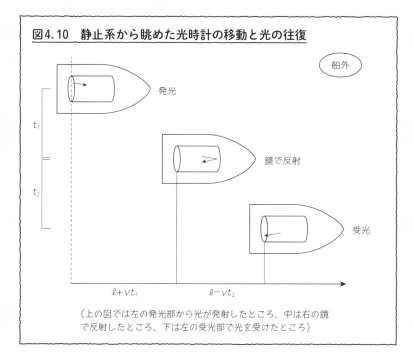

図4.10　静止系から眺めた光時計の移動と光の往復

（上の図では左の発光部から光が発射したところ、中は右の鏡で反射したところ、下は左の受光部で光を受けたところ）

同じ現象を静止系から観測してみよう。光が進む間に宇宙船も移動するので、光が発光部から出て鏡に届くまで右向きに進んでいる間の時間t_1と、鏡で反射して受光部へ向けて左向きに進んでいる間の時間t_2に分けて考える。

まず前者については、t_1の時間で光はct_1の距離だけ右方向へ進むが、この距離は光時計の長さℓと同じ時間に宇宙船が進んだ距離vt_1の和に等

しいのは明らかだ。したがって、

$$ct_1 = \ell + vt_1$$
$$(c - v)t_1 = \ell$$
$$t_1 = \frac{\ell}{c - v}$$

となる。一方、後者については、t_2の時間で光はct_2の距離だけ左方向へ進むが、この距離は光時計の長さ ℓ から宇宙船が進んだ距離 vt_2 を引いたものになる。したがって、

$$ct_2 = \ell - vt_2$$
$$(c + v)t_2 = \ell$$
$$t_2 = \frac{\ell}{c + v}$$

となる。

両者を加えたものが、静止系から観測して光が往復する時間なので、

$$t = t_1 + t_2 = \frac{\ell}{c - v} + \frac{\ell}{c + v}$$
$$= \frac{\ell(c + v)}{(c - v)(c + v)} + \frac{\ell(c - v)}{(c + v)(c - v)}$$
$$= \frac{\ell c + \ell v + \ell c - \ell v}{c^2 - v^2}$$
$$= \frac{2\ell c}{c^2 - v^2}$$

すなわち

$$t = t_1 + t_2 = \frac{2c}{c^2 - v^2} \ell \cdots\cdots\cdots ②$$

が得られる。

以上で得られた、（船内の長さλで表された）船内時間τと、（船外の長さℓで表された）地球時間tを、時間の遅れの式に入れてみよう。

$$t = \gamma\tau, \quad \gamma \equiv \frac{1}{\sqrt{1 - \dfrac{v^2}{c^2}}} \quad\cdots\cdots\cdots ③$$

①②③より、

$$t = \frac{2c}{c^2 - v^2}\,\ell = \gamma\,\frac{2\lambda}{c} = \gamma\tau$$

なので、

$$\ell = \gamma\,\frac{c^2 - v^2}{c^2}\,\lambda$$

となり、

$$\gamma \equiv \frac{1}{\sqrt{1 - \dfrac{v^2}{c^2}}}$$

を代入すると、

表4.3　宇宙船の速度と動くモノサシの長さ

速度 v	ローレンツ因子 γ	動くモノサシ	測った長さ
0	1	1 m	1 m
0.1	1.005	1	0.995
0.2	1.021	1	0.979
0.3	1.048	1	0.954
0.4	1.091	1	0.917
0.5	1.155	1	0.866
0.6	1.250	1	0.800
0.7	1.400	1	0.714
0.8	1.667	1	0.600
0.9	2.294	1	2.294
0.99	7.089	1	0.436
0.999	22.366	1	0.0447
0.9999	70.712	1	0.0141
0.99999	223.61	1	0.00447
0.999999	707.11	1	0.00141

$$\ell = \frac{1}{\sqrt{1 - \dfrac{v^2}{c^2}}} \, \frac{c^2 - v^2}{c^2} \lambda = \frac{1}{\sqrt{1 - \dfrac{v^2}{c^2}}} \left(1 - \frac{v^2}{c^2}\right) \lambda$$

になる。分母分子に $\sqrt{1 - \dfrac{v^2}{c^2}}$ を掛けて整理すると、最終的に、

$$\ell = \sqrt{1 - \frac{v^2}{c^2}} \, \lambda$$

が得られる。

　すなわち、長さ λ の光時計は、船外で測ると、

$$\ell = \frac{1}{\gamma} \lambda, \qquad \ell = \sqrt{1 - \frac{v^2}{c^2}} \, \lambda$$

の長さに短くなってしまうのだ。

◎ミューオンになってみる

　時間が遅れる現象と異なり、空間が縮むローレンツ ＝ フィッツジェラルド短縮は、直接観測したり実験で検証することは難しい。しかし、亜光速運動体ではたしかにローレンツ ＝ フィッツジェラルド短縮が起こっていることを論理的に示すことは可能だ。

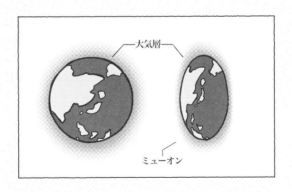

　大気上層から高速で飛来するミューオンの寿命が延びているという話を思い出してほしい。さきほどは、地上から観測した場合だったが、ここでミューオンの立場になってみよう。ミューオン自身からすれば、自分自身の固有時間で計れば自分の寿命はあくまでも 2.2 マイクロ秒しかない。だから、ミューオン自身からすれば 660 m 飛んだら崩壊してしまうので、高

度20 kmから地上まで到達できないように思える。これはパラドクスだ。

このパラドクスを解くカギがローレンツ＝フィッツジェラルド短縮なのだ。高度20 kmというのは地上の静止系で測定した長さだ。ミューオン自身からみても同じ20 kmだと、たしかに大気層を突き抜けることは不可能でパラドクスになる。

しかし、亜光速で飛翔するミューオンからは、ローレンツ＝フィッツジェラルド短縮のおかげで進行方向に空間が縮んで「見える」ので、大気層の厚さも短く「見える」。そのおかげで、自分の寿命の2.2マイクロ秒の間に、やはり地上まで到達できるというわけだ。

静止した地上から観測した様子と、飛翔するミューオンから観測した様子が異なっている（相対的）ために、通常の常識だと非常に奇妙な感じがするかもしれない。しかし立場は違っても、それぞれの解釈は全体としてはきちんと辻褄が合っている。これが相対論的現象のおもしろいところであり、これはまた同時に、相対性理論に矛盾がないことを意味している。

表4.4　ミューオンの速度と寿命の延びとローレンツ＝フィッツジェラルド短縮

速度	延びた平均寿命	平均飛行距離	ミューオンが測定する大気の厚さ
0	2.2マイクロ秒	660 m	20 km
0.9 c	5.0マイクロ秒	1.51 km	8.72 km
0.99 c	15.6マイクロ秒	4.68 km	2.82 km
0.999 c	49.2マイクロ秒	14.8 km	894 m
0.9999 c	156マイクロ秒	46.7 km	283 m

◎では光子の場合はどうなる

運動する物体では時間が遅れ空間は短縮する。では光子の場合はどうだろう。

光子は常に光速度で飛んでいるので、ローレンツ因子は無限大になる。ということは、静止系から観測した光子の時間は、遅れるどころか「止まったまま」なのだ。光子の時間は生まれたときから凍り付いているのだ。

そしてまた、光子にとっては、進行方向の空間は無限小に短縮するので、空間の距離というものも存在しない。

　もし宇宙の最初に生まれた光子がいれば、その光子の状態は宇宙の最初のままである。すなわち、その光子の時間はまったく進んでおらず、光子からすれば空間的にもまったく進んでいないことになる。

5　同時の相対性

　以上、本章では、特殊相対論における時間や空間の相対性について、簡単に紹介してきた。本章の最後に、定番の話題として、「同時（同時刻）の相対性」について触れておこう（時空座標を用いた同時の相対性は、6章で説明する）。

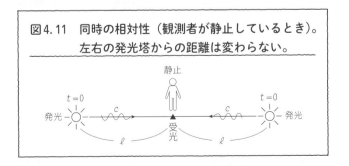

図4.11　同時の相対性（観測者が静止しているとき）。
　　　　左右の発光塔からの距離は変わらない。

静止

$t=0$　　　　　　　　　　　　　　$t=0$

発光　　　　c　　　　　　　　c　　　　発光

受光

ℓ　　　　　　　　　ℓ

さて、図4.12のように、観測者から「等距離」の場所に、発光塔「左」と発光塔「右」があったとしよう[8]。

光速度が無限大であれば、観測者から見て左右の発光塔が同時に光って見えれば、左が光った時刻も右が光った時刻も観測者が観測した時刻も、すべて同時刻だと考える。

実際には光速度は有限なので、発光塔から観測者まで光が届くのに時間がかかる。したがって観測者が受け取る光は過去から届いた光である。しかし、左右の発光塔が等距離にあり、かつ観測者が静止している限り、もし左右の発光塔が同時に光って見えたなら、左右の発光塔が過去のある時点で同時に光ったと判断してよいはずだ。

問題になるのは、観測者が動いている場合である。

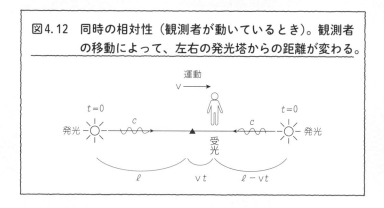

図4.12　同時の相対性（観測者が動いているとき）。観測者の移動によって、左右の発光塔からの距離が変わる。

そこで今度は、図4.13のように、左右の発光塔が（過去のある時点で）「同時刻」に光った瞬間、観測者が右方向に速度 v で移動し始めたとしよう[9]。となるとすぐにわかるように、左右の発光塔から光が進む間に、観測者も右へ移動する。そして右の発光塔からの光が観測者に届いたとき（観測者から見て右の発光塔が光ったとき）、左の発光塔からの光はまだ届いていないことになる。

8　手を振る知り合いでもいいし、稲妻のような自然現象や宇宙の彼方の超新星爆発でも構わない。

9　左右の発光塔と観測者が事前に時刻合わせをしていたとする。

そして観測者から見ると、右の発光塔が光った後に、左の発光塔が光ったと観測される。言い換えれば、観測される事実から観測者の立場で解釈する限りは、右の発光塔が「先に」光り、左の発光塔が「後で」光ったと判断せざるを得ない。

　静止している発光塔の立場では「同時に光った」現象が、動いている観測者の立場では「同時ではない」のが、**同時の相対性**（simultaneous relativity）である。

第5章
時空と速度の変換

本章の概要

　前章では特殊相対論の基本原理である光速度不変の原理、静止系や運動系など相対論における時空の舞台を紹介し、そして光速度不変の原理のもとで時間の遅れや空間の短縮など時空の変貌を導出した。本章では時間と空間を一体的な時空座標として扱い、静止系と運動系の間での時空変換を導出してみよう。まず非相対論的なガリレイ変換について考え、続いて特殊相対論におけるローレンツ変換を考える。さらにそのような時空変換のもとで、速度がどのように変換されるかについても導出しておこう。

本章の流れ

　まず1で、非相対論的な時空変換として、ガリレイ変換を考える。
　次に2で、相対論的な時空変換であるローレンツ変換を導いてみよう。
　そして3で、ローレンツ変換のもとでの速度の変換について、直角座標の場合と極座標の場合の変換式を導いてみる。後者は後の光行差の関係で必要になる。

● この章に出てくる数式

静止系での速度 $u_x = \dfrac{dx}{dt}$ $u_y = \dfrac{dy}{dt}$ $u_z = \dfrac{dz}{dt}$

運動系での速度 $u_x' = \dfrac{dx'}{dt'}$ $u_y' = \dfrac{dy'}{dt'}$ $u_z' = \dfrac{dz'}{dt'}$

光速で無次元化した速度 $\beta = \dfrac{v}{c}$

ローレンツ因子 $\gamma = \dfrac{1}{\sqrt{1 - \dfrac{v^2}{c^2}}}$

ローレンツ変換 $t' = \gamma\left(t - \dfrac{v}{c^2}x\right)$ $ct' = (ct - \beta x)$

$x' = \gamma(x - vt)$ $x' = \gamma(x - \beta ct)$

本章では特殊相対論における時空座標の基本変換である慣性系同士の間の
ローレンツ変換の導出や、ローレンツ変換のもとでの慣性系間の速度の変換を
導くが、まずは古典的なガリレイ変換から復習しよう。

1　ガリレオの相対性原理とガリレイ変換

　多少後出しジャンケン的だが、相対論あるいは相対性原理の考え方は、
アインシュタインの特殊相対論がはじめてというわけではない。相対運動
に関する**ガリレオの相対性原理**（Galileo's principle of relativity）という
ものが古くから知られていた。このガリレオの相対性原理を記述するのが
ガリレイ変換（Galilei transformation）である[1]。

◎ガリレオの相対性原理

　一定の速度で走る電車の中でボールを落とす思考実験をしてみよう。電
車の外で静止している観測者（静子）がボールを落とせば、ボールは足下
に落ちるだろう。また「電車の中で静止している」観測者（翔子）がボー

1　ガリレオ・ガリレイ（1564～1642）はイタリアの科学者で、振り子の等時性や落体の法則
　　を発見し、望遠鏡で太陽や土星を観測した。現代に続く実証科学の創始者。

ルを落とせば、やはりボールは足下に落ちるだろう。特殊相対論的には、前者は静止系で、後者は運動系だ。

　では、電車の外の観測者（静子）が電車の中で落ちるボールを観測したら、どのように見えるだろうか。ボールから手を離した後も電車は動いているので、ボールが電車の床に着いたときには、進行方向にかなり動いているだろう。そのため、電車の外から電車の中のボールを観測すると、ボールは落ちながらも進行方向に動いているように見える。

　実際には地球重力場の中でボールは下向きに加速しながら落ちるので、線路脇で「静止している」観測者（静子）から観測すると、ボールは電車と同じ速度で進行方向に動きつつ、下へ加速しながら落ちる。その結果、全体として放物線の軌跡を描きながら落ちることになる。

　これはまさに「静止系でも運動系でも物理法則はそれぞれに成り立っているが、お互いに観測すると違ったように観測される」という代表的な例だ。

　これがガリレオの相対性原理とガリレイ変換の考え方だ。異なる観測者それぞれに対して物理法則は同じであり、また、違う観測者の運動を相互に変換できることを、一般に「相対性原理」と呼ぶのである。

◎静止系と運動系での運動と軌跡

　具体的な座標系を設定して、ガリレイ変換を導いてみよう。

　静止している慣性系 S 系に張った座標系 (t, x, y, z) と運動している慣性系 S′ 系に張った座標系 (t', x', y', z') を設定する。また静止系 S に対して運動系 S′ は $x(x')$ 方向に速度 v で等速直線運動しており、$z(z')$ 方向は鉛直方向上向きで、鉛直方向下向きには重力加速度 g がはたらいているとする。

　このとき S 系と S′ 系の間のガリレイ変換は、

$$t' = t$$
$$x' = x - vt$$
$$y' = y$$

$$z' = z$$

という式で表される（図5.1）。以下、相対性原理に基づいて、この変換を導いてみよう。

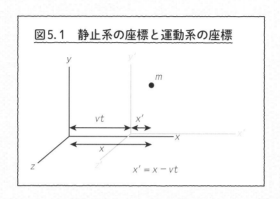

図5.1　静止系の座標と運動系の座標

　相対性原理では、どの慣性系の観測者にとっても同じ物理法則が成り立つ。具体的にいまの場合は、どの慣性系においても、運動の法則あるいは運動方程式（慣性の法則）が成り立つことを要請する。x 方向と y 方向には力がはたらいていないが、z 方向下向きには重力加速度 g がはたらいている。したがって、静止系と運動系の運動方程式は、$x(x')$ 方向、$y(y')$ 方向、$z(z')$ 方向のそれぞれで、以下のようになる。

静止系

$$a_x = 0 \quad \cdots\cdots\cdots ①$$
$$a_y = 0 \quad \cdots\cdots\cdots ②$$
$$a_z = -g \cdots\cdots\cdots ③$$

運動系

$$a'_x = 0 \quad \cdots\cdots\cdots ①'$$
$$a'_y = 0 \quad \cdots\cdots\cdots ②'$$
$$a'_z = -g \cdots\cdots\cdots ③'$$

　ここで z 座標は上向きを正に取っているので、③と③' の重力加速度 g にはマイナスの符号をつけた（g そのものは正の値）。

　見てわかるように、静止系（' なし）と運動系（' あり）それぞれで、記号の違いを除くと、運動方程式（物理法則）はまったく同じ形をしている。これが同じ物理法則が成り立つという意味である。

　さて、第1章で解説したように、速度の時間微分が加速度である（逆に、

加速度の時間積分が速度）。そこで、物体の加速度 a を速度 u の時間微分で書き換えたのが以下の式である[2]。①、②は右辺は 0 のまま、また③の $-g$ は重力加速度であるからそのまま値を入れ、

静止系 運動系

$$\frac{du_x}{dt} = 0 \quad \cdots\cdots\cdots ④ \qquad \frac{du'_x}{dt'} = 0 \quad \cdots\cdots\cdots ④'$$

$$\frac{du_y}{dt} = 0 \quad \cdots\cdots\cdots ⑤ \qquad \frac{du'_y}{dt'} = 0 \quad \cdots\cdots\cdots ⑤'$$

$$\frac{du_z}{dt} = -g \quad \cdots\cdots ⑥ \qquad \frac{du'_z}{dt'} = -g \quad \cdots\cdots\cdots ⑥'$$

のように表すことができる。これら④⑤⑥は、速度を微分すると加速度になるという定義から、加速度を速度によって書き換えただけで、上の①②③式とまったく内容は同じものであり、当然ながら、静止系と運動系で同じ形をしている。

　ただし、書き換えた結果、式の上では速度の時間に関する微分という形になったので、それぞれの式の両辺を時間で積分することによって、速度の式を求めることができる。

　具体的には、まず④の、$du_x/dt = 0$ の式を静止系の時間 t で積分してみよう。すなわち、両辺を時間で積分すると、

$$\int \frac{du'_x}{dt} \, dt = \int 0 \, dt$$

のように書ける。左辺は速度を t で微分して、さらに t で積分するのだから、最初の速度そのものである。また、右辺は 0 を積分するから定数（積分定数）となる[3]。積分定数を C と置くと、

$$u_x = C$$

2　座標系の速度を v としたので、物体の速度には u を使用する。

3　定数は x が変化しても一定という意味であり、x が変化しても変化しないので、定数の微分（変化の割合）は 0 である。図形的には、定数のグラフは水平なので、その傾き（微分）は 0 である。

が得られる。すなわち u_x は一定だが、時刻 $t=0$ での速度（初速）を 0 とすると、$C=0$ となり、結局、

$$u_x = 0$$

が得られる。

右辺が 0 となっている他の 3 つの式の積分も同じようにできる。

問題㉙

⑤′ の式を積分してみよ。

次に⑥の、右辺が 0 でない式の積分をしてみよう。やはり両辺を静止系の時間 t で積分すると、

$$\int \frac{du_z}{dt}\,dt = \int (-g)\,dt$$

のように書けて、左辺はやはり速度そのものである。右辺の積分を実行すると、C を積分定数として、

$$u_z = -gt + C$$

が得られる。そして、時刻 $t=0$ での速度（初速）を 0 とすると、やはり $C=0$ となり、結局、

$$u_z = -gt$$

が得られる。

右辺が 0 でない⑥′ の式の積分も同じようにできる。

以上をまとめると、運動方程式をそれぞれの時間で積分した結果、各系での速度は以下のようになる。

⑤′ の式は、

$$\frac{du'_y}{dt'} = 0$$

であるが、これは運動系の式なので、運動系の時間 t' で積分すると、

$$\int \frac{du'_y}{dt'} dt' = \int 0 \, dt'$$

となる。左辺は、時間 t' で微分して、さらに t' で積分するので、結果は u'_y そのものである。右辺は 0 の積分なので、積分結果は定数となる。積分定数を C' と置けば、

$$u'_y = C'$$

という結果が得られる。すなわち u'_y は一定だが、時刻 $t' = 0$ での速度（初速）を 0 とすると、$C' = 0$ となり、結局、

$$u'_y = 0$$

が得られる。

静止系		運動系	
$u_x = 0$	⋯⋯⋯⑦	$u'_x = 0$	⋯⋯⋯⑦′
$u_y = 0$	⋯⋯⋯⑧	$u'_y = 0$	⋯⋯⋯⑧′
$u_z = -gt$	⋯⋯⋯⑨	$u'_z = -gt'$	⋯⋯⋯⑨′

　これらの速度を比較すると、速度についても、静止系や運動系それぞれの系の座標で測れば、まったく同じ形をしていることがわかる。

　さらにもう一度、これらの速度をそれぞれの時間で積分すると座標が得られる。

　すなわち、第 1 章で復習したように、位置（座標）の時間微分が速度であることを思い出せば、上の速度を位置（座標）の時間微分で置き換えて座標をあらわに書き出してみると、

$$\begin{array}{ll}
\text{静止系} & \text{運動系}
\end{array}$$

$$\frac{dx}{dt} = 0 \quad \cdots\cdots \text{⑩} \qquad \frac{dx'}{dt'} = 0 \quad \cdots\cdots \text{⑩}'$$

$$\frac{dy}{dt} = 0 \quad \cdots\cdots \text{⑪} \qquad \frac{dy'}{dt'} = 0 \quad \cdots\cdots \text{⑪}'$$

$$\frac{dz}{dt} = -gt \quad \cdots\cdots \text{⑫} \qquad \frac{dz'}{dt'} = -gt' \quad \cdots\cdots \text{⑫}'$$

のように表すことができる。

先の加速度のときのように、時間微分があらわになったところで、両辺を時間で積分してみよう。

具体的には、まず左上の、$dx/dt = 0$の式を静止系の時間 t で積分してみよう。すなわち、両辺を時間で積分すると、

$$\int \frac{dx}{dt}\, dt = \int 0\, dt$$

のように書ける。左辺は位置を微分したものを積分するのだから位置 x そのものとなる。右辺は 0 の積分だから定数（積分定数）となり、積分定数を C と置くと、

$$x = C$$

が得られる。そして時刻 $t = 0$ での位置を 0 とすると、$C = 0$ となり、結局、

$$x = 0$$

が得られる。

右辺が 0 となっている他の 3 つの式の積分も同じようにできる。

問題 ㉚

⑪′ を積分してみよ。

⑪′ は、

$$\frac{dy'}{dt'} = 0 \quad\cdots\cdots\cdots ⑪'$$

であった。運動系の式なので運動系の時間 t' で積分してみよう。すなわち、両辺を時間 t' で積分すると、

$$\int \frac{dy'}{dt'}\,dt' = \int 0\,dt'$$

となる。左辺は位置 y' を微分したものを積分するのだから位置 y' そのものとなる。右辺は 0 の積分だから定数（積分定数）となり、積分定数を C' と置くと、

$$y' = C'$$

が得られる。そして時刻 $t' = 0$ での位置を 0 とすると、$C' = 0$ となり、結局、

$$y' = 0$$

が得られる。

次に⑫の、右辺が 0 でない式の積分をしてみよう。やはり両辺を静止系の時間 t で積分すると、

$$\int \frac{dz}{dt}\,dt = \int (-gt)dt$$

のように書ける。左辺はやはり位置そのもので、右辺の積分を実行すると、C を積分定数として、

$$z = -\frac{1}{2}gt^2 + C$$

が得られる。そして、時刻 $t = 0$ での位置を 0 とすると、やはり $C = 0$ となり、結局、

$$z = -\frac{1}{2}gt^2$$

が得られる。

右辺が 0 でない右下の式の積分も同じようにできる。

以上をまとめると、速度の式をそれぞれの時間で積分した結果、各系での物体の位置は以下のようになる。

静止系   運動系

$$x = 0 \quad \cdots\cdots (13) \qquad x' = 0 \quad \cdots\cdots (13)'$$

$$y = 0 \quad \cdots\cdots (14) \qquad y' = 0 \quad \cdots\cdots (14)'$$

$$z = -\frac{1}{2} g t^2 \quad \cdots\cdots (15) \qquad z' = -\frac{1}{2} g t'^2 \quad \cdots\cdots (15)'$$

やはり、座標についても、それぞれの系での表現はまったく同じだ。すなわち、静止系でも運動系でも、手から話したボールは真下に加速しながら落下するのである。これが相対性原理なのである。

◎ガリレイ変換の導出

ここまではS系とS′系それぞれでの運動を考えたが、次に、S系とS′系の間の関係を考えてみよう。

さて、S′系はS系に対して x の正の方向へ速度 v で運動しているので、物体の速度 u と座標系の速度 v の単純な相対速度の関係から、速度同士の間には、

$$u_x = u'_x + v$$
$$u_y = u'_y$$
$$u_z = u'_z$$

が成り立つ。やはりこれらの両辺を時間で積分すると、

$$x = x' + vt$$
$$y = y'$$
$$z = z'$$

151

そしてこの関係を逆にしたものが、冒頭のガリレイ変換：

$$t' = t$$
$$x' = x - vt$$
$$y' = y$$
$$z' = z$$

にほかならない。

　すなわち、ガリレイ変換というのは、時間座標を含んではいるが、あくまでも**座標変換の一種**なのだ。そして、正弦関数も余弦関数も出ないことを鑑みると、1章で紹介した空間座標の回転よりも、むしろ簡単な座標変換かもしれない。

　最後にボールの軌跡を導いてみよう。簡単にするために y 方向は落とし、x 方向（水平方向）と z 方向（鉛直方向）だけで考える。また初期位置はどちらの系でも原点 $(x = 0, z = 0)$ $(x' = 0, z' = 0)$ とする。その結果、運動系ではつねに $x' = 0$ なので、上記の関係から、

$$x = x' + vt = vt$$
$$z = z' = -\frac{1}{2} g t^2$$

となる。最初の式から、$x = x' + vt = vt$ より、$t = x/v$ となり、これを使って、時間 t を消去すると、

$$z = -\frac{1}{2} g t^2 = -\frac{1}{2} g \left(\frac{x}{v}\right)^2 = -\frac{1}{2} \frac{g}{v^2} x^2$$

が得られる。ここで、重力加速度 g や S′ 系の速度 v は一定なので、$(g/2v^2) = a$（一定）と置くと、

$$z = -\frac{1}{2} \frac{g}{v^2} x^2 = -a x^2$$

と表すことができる。これはまさに x-z 座標での放物線の式である。すなわち、静止系から観測するとボールの軌跡は放物線になるのだ。

問題㉛

放物線の式 $z = -ax^2$ の概形を x-z 座標上で描いてみよ。

2 ローレンツ変換

　ガリレイ変換では、時間こそ変換のない絶対時間だったが、空間座標や観測される速度は相対的なものであった。ニュートン力学の世界観のもとでは、背後には絶対時間と同様に絶対空間が厳然として存在してはいるが、見かけ上は、古典的なガリレイ変換と特殊相対論におけるローレンツ変換は極端に大きな差異はない。

　根本的な相違は、時間と空間に関する解釈の違いにある。すなわち、前者では時間と空間は絶対的で不動なものだったが、相対論では速度や質量と同様に観測者によって変化する物理量なのだ。

◎マイケルソン ＝ モーリーの実験とローレンツ変換

　アインシュタインの特殊相対論で出てくる基本的な時空の変換式が「ローレンツ」変換という「ローレンツ」という名前が付いているのも奇異な感じがするかもしれない。ローレンツ ＝ フィッツジェラルド短縮のところでも少し触れたが、もともとはマイケルソン ＝ モーリーの実験を説明するために、(アインシュタインではなく) ローレンツが提案した仮説で導かれた式なので「ローレンツ」という名前が付いているのだ。

　こんにちでは光の正体は電磁波であることがわかっているが、19世紀末はまだ光の正体は不明であった。ただし、ある種の波動だろうとは結論がついてはいた。

　ところで、通常波が伝わるときには、波を伝える媒質が必要である。たとえば、音波は空気中も水中も固体の中も伝わるが、媒質の存在しない真

解答 ㉛

$a = 1$の場合の例

$z = -x^2$

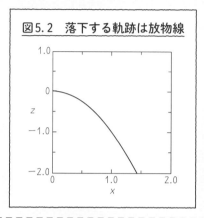

図5.2　落下する軌跡は放物線

空中では伝わらない。しかし、宇宙のかなたの星から発せられた光は、真空の宇宙空間を伝わって地球まで届く。空気のない真空中を光は伝わるわけだが、光を伝える媒質とはいったい何なのだろうか？

　この光を伝える仮想的な媒質は、当時「エーテル」と呼ばれていた。ちなみに**エーテル**というのは、ギリシャの自然哲学で、地上のものをつくっていると考えられていた空気・土・火・水という4大元素に対し、天界を満たしていると考えられていた5番目の元素に付けられていた名前である。

　19世紀末、このエーテルの存在と性質は議論のマトであった。たとえば、宇宙空間をエーテルが満たしているのなら、エーテルに対して地球は運動していることになる。そして光がエーテルの中を伝わる波だとすれば、地球の運動する方向に光が伝わるときと、反対方向に伝わるときとでは、光の速さが違ってみえるはずである。そう考えたアルバート・マイケルソンはエドワード・モーレイとともに精密な実験を繰り返し、光の速さが伝わる方向によって違うことを証明しようと試みた。しかし、結局はその違いを見つけることができなかった（1887年頃まで）。これが有名な、**マイケルソン＝モーレイの実験**である。

　このような状況で、ローレンツやフィッツジェラルドが提案したのが、

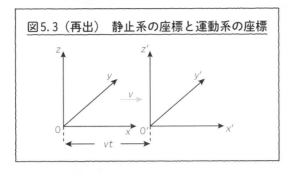

図5.3（再出） 静止系の座標と運動系の座標

運動方向に「物体が縮む」という仮説である。そしてそのために導いた変換式が「ローレンツ変換」だった。ただし、あくまでもローレンツたちは、時空自体は変貌せず、物体の長さなどが伸張すると考えていたようである。

　結局は、マクスウェルが電磁波（光）を表す方程式を導いた結果、そもそも電磁波は波を伝える媒質が不要なことがわかった。すなわち「電磁波が伝わるときには、電場の変化が磁場を生み、生まれた磁場の変化がさらなる電場を生む」という具合に、電場と磁場が交替して相手を生成していく。言ってみれば、「電磁場が、自分で自分を編み上げながら進んでいく」のである。したがって、電磁場（光）は、媒質の存在しない真空中でも伝播することができるのだ。

　こうして、長年その存在が疑問視されながらも、あるかもしれないと思われていた光を伝える媒質「エーテル」は、マクスウェルの電磁波理論によって完全に不要なものとなった。と同時に、ローレンツ ＝ フィッツジェラルド短縮仮説も、いったんは不要なものとなった。

　特殊相対論誕生の前夜のことである。

◎ローレンツ変換の導出

　具体的な座標系を設定して、ローレンツ変換を導こう。

　ガリレイ変換のときと同じく、静止している慣性系Ｓ系に張った[4]座標

4　座標系を「張る」という言い方は奇異な感じがするかもしれないが、空間に座標系を「ピン止めする」ような意味合いで使われる。

系（t, x, y, z）と運動している慣性系S′系に張った座標系（t', x', y', z'）を設定する。また静止系Sに対して運動系S′は、$x(x')$ 方向に速度 v で等速直線運動しているとする。鉛直方向の重力などは考えない。

このときS系とS′系の間のローレンツ変換は、

$$t' = \gamma\left(t - \frac{v}{c^2}\right)$$

$$x' = \gamma(x - vt) \qquad \text{ただし、} \gamma = \frac{1}{\sqrt{1-\frac{v^2}{c^2}}}$$

$$y' = y$$

$$z' = z$$

という式で表される。ガリレイ変換の式と比べると、ローレンツ因子 γ がついているのと、時間の変換の式に追加の項がある点が異なっている。

問題㉜

光速 c を無限大にすると、ローレンツ変換はガリレイ変換に帰着することを確かめよ。

以下、この変換を相対性原理に基づいて導いてみよう。簡単にするために、変化のない y 方向と z 方向は落とし、時間座標 t と x 座標の変換のみ考える。

特殊相対論では物理量として時間や空間が変化すると考える。ただし、大前提として、その変化は**一様**で**線形**だと仮定する。すなわち、局所的に時間が伸びたり空間が縮んだりすることはなく、時間が経つほど時間の伸び方が変化したり、場所によって空間の縮み方が違ったりはしないと考える[5]。このことは変換式が t と x について1次の項だけで、$\sqrt{t}$ や x^2 などの

5　第3章の保存則のところで触れたが、質量の保存やエネルギー保存が成り立つためには時間の一様性が必要で、運動量保存が成り立つためには空間の一様性が必要である。

光速 c を無限大にすると、ローレンツ因子 γ は１になる。さらに時間の変換式で v/c^2 は０となる。したがって、ローレンツ変換の式は、

$$t' = t$$
$$x' = x - vt$$
$$y' = y$$
$$z' = z$$

となるが、これはまさにガリレイ変換そのものである。

項がない、いわゆる線形変換であることを意味する[6]。

　線形変換であれば、変換式は、一般的には、

$$t' = At + Bx \quad \cdots\cdots\cdots ⑯$$
$$x' = Cx + Dt \quad \cdots\cdots\cdots ⑰$$

という形をしていないといけない。すなわち、変換の右辺に現れるのは、t と x の１次の項（線形項という）だけである。そして、A、B、C[7]、D は定数であるが、慣性系の間の速度 v は一定なので、A、B、C、D が速度 v を含んでいても構わない。

　ちなみに、いまから導きたいローレンツ変換は、

$$t' = \gamma\left(t - \frac{v}{c^2}x\right) = \gamma t - \gamma\frac{v}{c^2}x$$
$$x' = \gamma(x - vt) = \gamma x - \gamma vt$$

だが、t と x の項を眺めると、たしかに上の⑯⑰の形になっていることがわかる。

6　べきについて１次の式は、関数では１次関数で、グラフに表すと直線（線形）になるので、線形という言い方をする。

7　係数を表すための大文字の C で、小文字の c で表した光速ではない。

いまから行いたいことは、特殊相対性原理と光速度不変の原理をもって、⑯と⑰の4つの係数 A、B、C、D を定めていき、たしかにローレンツ変換を導くことである。

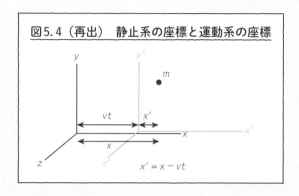

図5.4（再出）　静止系の座標と運動系の座標

①原点の運動（相対性原理）

まず静止系 S と運動系 S′ は時刻0（$t = 0$、$t' = 0$）で原点が一致しており（$x = x'$）、$x(x')$ の正の方向に速度 v で動いているとする。そうすると、S′ 系の原点 $x' = 0$ は、S 系から観測すると速度 v で運動するので、S 系の座標で表した S′ 系の原点の式は、

$$x = vt$$

となる。この原点の相対運動（$x' = 0$ と $x = vt$）はローレンツ変換を満たさないといけない。

そこで、これらの式を⑰式に入れた、

$$0 = Cvt + Dt$$

という関係が成り立つ必要がある。時刻 t はどんな時刻でも構わないので、t で全体を割ると、$0 = Cv + D$ となり、結局、

$$D = -Cv$$

という条件が得られる。

この条件を⑰に代入すると、⑰は、

$$x' = C(x - vt) \cdots\cdots\cdots⑱$$

となって、係数 D が消去できて、係数 C のみが残った式が得られる。

②光線の式（光速度不変）

次に、$t = t' = 0$ に原点を発した光は、t 時間後（t' 時間後）、S 系では

$$x = ct$$

まで進み、S′系では、

$$x' = ct'$$

まで進む（光速度不変の原理）。この光線の「運動」の式（$x = ct$ と $x' = ct'$）もローレンツ変換を満たさないといけない。

そこで、これらの式を⑯へ代入すると、

$$t' = At + Bct \cdots\cdots\cdots⑲$$

が得られる。また⑱へ代入すると、
$ct' = C(ct - vt) = Cct - Cvt$、すなわち、

$$t' = Ct - \left(\frac{Cv}{c}\right)t \cdots\cdots\cdots⑳$$

となる。この⑲と⑳は、どちらも、t' と t の関係を表しているが、矛盾が起きないようにするためには、2 つの式が同じ式になる必要がある。そのためには、⑲と⑳を比べて、

$$\begin{array}{l} A = C \\ B = -C\dfrac{v}{c^2} \end{array}$$

という条件が成り立っていればよいことがわかる。

これらの条件を⑯に入れて係数 A と B を消去すると、

$$t' = Ct - C\left(\frac{v}{c^2}\right)x$$

となって、結局、

$$t' = C\left(t - \frac{v}{c^2}x\right) \cdots\cdots\cdots ㉑$$

と係数 C のみが残った式が得られる。

③中間整理

　以上までをいったんまとめると、係数 ABD が消去されて、線形変換の式は、

$$t' = C\left(t - \frac{v}{c^2}x\right) \cdots\cdots\cdots ㉑$$

$$x' = C(x - vt) \quad \cdots\cdots\cdots ⑱$$

とまとまることがわかった。ローレンツ変換の（　）内までが導けたことがわかる。もう一息だ。

　ここで全体に掛かる係数 C を決めないといけないが、相対的であるという性質を上手に利用して、2つの方法で逆変換を求めて、それらが同じになるように係数を決めるのだ。

④逆変換の2つの方法

　これらの㉑と⑱はふつうの線形方程式（連立1次方程式）である。そこで、t と x を変数とみなして変数 t と x について解くことができる。変換の立場からは、t や x で t' や x' を表す**順変換**㉑、⑱に対して、t' や x' で t や x を表す**逆変換**を求めることになる。

　実際に解いてみると、

$$t = \frac{1}{C\left(1 - \frac{v^2}{c^2}\right)}\left(t' + \frac{v}{c^2}x'\right) \cdots\cdots\cdots ㉒$$

$$x = \frac{1}{C\left(1 - \frac{v^2}{c^2}\right)}\left(x' + vt'\right) \quad \cdots\cdots 23$$

のように解ける。

問題㉝

上記の関係を導いてみよ。

さて一方、S系とS′系はお互いに相対的なので、運動系S′から静止系Sを観測すると、静止系Sは $x(x')$ 軸の負の方向へ $(-v)$ で運動しているようにみえるだろう。したがって、S′系からS系へのローレンツ変換は、㉑と⑱で、(t, x) と (t', x') を入れ替え、同時に v を $(-v)$ に変えたものになるはずだ。

$$t = C\left(t' + \frac{v}{c^2}x'\right) \quad \cdots\cdots 22'$$

$$x = C(x' + vt') \quad \cdots\cdots 23'$$

そしてこれらは連立方程式を解いて求めた逆変換の式と同じにならなければいけない。そのためには、㉒と㉒′、あるいは㉓と㉓′の係数を比較して、いずれにせよ、

$$C = \frac{1}{C\left(1 - \frac{v^2}{c^2}\right)}$$

となっていればよいことがわかる。したがって、

$$C^2 = \frac{1}{1 - \frac{v^2}{c^2}}$$

解答㉝

連立一次方程式なので、解き方の手順は何通りもある。まず㉑と
⑱の（ ）をいったん外して、

$$t' = Ct - \frac{v}{c^2} Cx \cdots\cdots ㉑'$$

$$x' = Cx - vCt \quad \cdots\cdots ⑱'$$

としておこう。

そして、㉑' から Ct について、

$$Ct = t' + \frac{v}{c^2} Cx$$

となる。これを⑱' の右辺の Ct に代入すると、

$$x' = Cx - vt' - \frac{v^2}{c^2} Cx = -vt' + \left(1 - \frac{v^2}{c^2}\right) Cx$$

のように整理できる。これを Cx について解いていくと、

$$\left(1 - \frac{v^2}{c^2}\right) Cx = x' + vt'$$

と両辺を移動させて、最後に x の係数で全体を割って、

$$x = \frac{1}{C\left(1 - \dfrac{v^2}{c^2}\right)} (x' + vt')$$

が得られる。以上で、逆変換㉓が導出できた。

次に今度は⑱' から、Cx について

$$Cx = x' + vCt$$

と表す。そしてこれを㉑' の右辺の Cx に代入して、

$$t' = Ct - \frac{v}{c^2} x' - \frac{v^2}{c^2} Ct = \left(1 - \frac{v^2}{c^2}\right) Ct - \frac{v}{c^2} x'$$

のように整理できる。これを Ct について解いていくと、

$$\left(1 - \frac{v^2}{c^2}\right) Ct = t' + \frac{v}{c^2} x'$$

と両辺を移動させ、最後に t の係数で全体を割って、

$$t = \frac{1}{C\left(1 - \dfrac{v^2}{c^2}\right)}\left(t' + \frac{v}{c^2}x'\right)$$

が得られる。これで逆変換㉒が導出できた。

であり、平方根を取って、

$$C = \pm\frac{1}{\sqrt{1 - \dfrac{v^2}{c^2}}} = \pm\,\gamma$$

のように係数 C が定まる。

　そしてマイナス符号の解は物理的におかしいことから除外すると、最終的に、

$$C = \gamma$$

が物理的に意味のある解となる。そして、$C = \gamma$ を、㉑、⑱に代入して、

$$t' = \gamma\left(t - \frac{v}{c^2}x\right)$$
$$x' = \gamma(x - vt)$$

が得られる。ここに、ローレンツ変換の導出が完了した。

　なお、光速で規格化した速度 $\beta = \dfrac{v}{c}$ を用いると、ローレンツ変換の式は、

$$ct' = \gamma(ct - \beta x)$$
$$x' = \gamma(x - \beta ct)$$

のように、光速を掛けた時間 ct と座標 x について、ほぼ対称的な形に表すこともできる。

3　速度の変換

　古典的なガリレイ変換の場合でも、静止系で観測する速度と運動系で観測する速度の間には、相対速度 v の分だけ違いがあった。時間や空間が変化するローレンツ変換の場合には、静止系と運動系の間の速度の変換はより複雑なものとなる。後の章で出てくる光行差への準備も兼ねて、ローレンツ変換のもとでの速度の変換を導いておこう。

◎静止系と運動系の間の速度の変換

　ふたたび、静止している慣性系 $S(t, x, y, z)$ と運動している慣性系 $S'(t', x', y', z')$ を考え、静止系 S に対して運動系 S' は $x(x')$ 方向に速度 v で等速直線運動しているとする。鉛直方向の重力などは考えない。

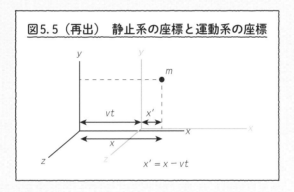

図5.5（再出）　静止系の座標と運動系の座標

　ローレンツ変換とその逆変換は以下である。

$$t' = \gamma\left(t - \frac{v}{c^2}x\right) \qquad t = \gamma\left(t' + \frac{v}{c^2}x'\right)$$
$$x' = \gamma(x - vt) \qquad x = \gamma(x' + vt')$$
$$y' = y \qquad y = y'$$
$$z' = z \qquad z = z'$$

　座標の変換（ローレンツ変換）の段階では y 方向と z 方向の座標は変わらないが、以下わかるように、速度の変換では必ずしもそうではない。

ガリレイ変換のときには、相対性原理のもとで、加速度から速度そして座標へと進めたが、ここでは通常のように、座標の時間微分で速度をまず定義しよう。すなわち、ガリレイ変換の場合と同じく、相対論においても、静止系と運動系、それぞれにおける速度は、それぞれでの座標で定義される。

静止系の速度　　　　　　運動系の速度

$$u_x = \frac{dx}{dt} \qquad\qquad u'_x = \frac{dx'}{dt'}$$

$$u_y = \frac{dy}{dt} \qquad\qquad u'_y = \frac{dy'}{dt'}$$

$$u_z = \frac{dz}{dt} \qquad\qquad u'_z = \frac{dz'}{dt'}$$

　これはまことに至極もっともな話であろうかと思う。

　そこで本題の静止系と運動系の間の速度の変換だが、以下、合成関数の微分による考え方と、微小量の割り算による方法の2通りの方法で導いてみよう。

①合成関数の微分による方法

　ローレンツ変換では相対速度 v や光速 c は定数で、ローレンツ変換は座標の間の単なる線形変換だった。そして、順変換では、たとえば、x' は独立変数 t と x の関数 $x' = x'(t, x)$ であり、この中の t は、逆変換からは、独立変数 t' と x' の関数 $t = t(t', x')$ とみなせる。したがって、運動系における位置座標 x' の t' の関数としての $x'(t')$ は、合成関数としては、t を介在して、$x'(t)$ であり、さらに $t(t')$ と考えてよい。その結果、運動系での速度を求めるために x' を t' で微分するということは、座標 x' を、いったん、t で微分し、その t を t' で微分すればよい（いわゆる**連鎖則**と呼ぶ）。

　具体的には、それぞれの速度は、

$$u'_x = \frac{dx'}{dt'} = \frac{dt}{dt'}\frac{dx'}{dt} = \frac{\dfrac{dx'}{dt}}{\dfrac{dt'}{dt}}$$

$$u'_y = \frac{dy'}{dt'} = \frac{dt}{dt'}\frac{dy'}{dt} = \frac{\dfrac{dy'}{dt}}{\dfrac{dt'}{dt}}$$

$$u'_z = \frac{dz'}{dt'} = \frac{dt}{dt'}\frac{dz'}{dt} = \frac{\dfrac{dz'}{dt}}{\dfrac{dt'}{dt}}$$

のように変形できる。

　最初の式の分母分子の微分を具体的に実行してみよう。ローレンツ変換から、x' と t' の部分を抜き出すと、

$$x' = \gamma(x - vt) = \gamma x - \gamma vt$$

$$t' = \gamma\left(t - \frac{v}{c^2}x\right) = \gamma t - \frac{\gamma v}{c^2}x$$

であった。ここで γ、v、c は一定であることに注意して、それぞれの式を時間 t で微分すると、

$$\frac{dx'}{dt} = \gamma\frac{dx}{dt} - \gamma v$$

$$\frac{dt'}{dt} = \gamma - \frac{\gamma v}{c^2}\frac{dx}{dt}$$

のようになる。したがって、x 方向の速度の連鎖則の分母分子に上の式を入れ、

$$u'_x = \frac{dx'}{dt'} = \frac{\dfrac{dx'}{dt}}{\dfrac{dt'}{dt}} = \frac{\gamma\dfrac{dx}{dt} - \gamma v}{\gamma - \dfrac{\gamma v}{c^2}\dfrac{dx}{dt}} = \frac{\dfrac{dx}{dt} - v}{1 - \dfrac{v}{c^2}\dfrac{dx}{dt}}$$

となり、さらに $\dfrac{dx}{dt} = u_x$ だから、結局、x 方向の速度の変換は、

$$u'_x = \frac{\dfrac{dx}{dt} - v}{1 - \dfrac{v}{c^2}\dfrac{dx}{dt}} = \frac{u_x - v}{1 - \dfrac{v}{c^2}u_x}$$

となる。

　同様に、y 方向と z 方向の変換は、

$$u'_y = \frac{dy'}{dt'} = \frac{\dfrac{dy'}{dt}}{\dfrac{dt'}{dt}} = \frac{\dfrac{dy}{dt}}{\gamma - \dfrac{\gamma v}{c^2}\dfrac{dx}{dt}} = \frac{u_y}{\gamma\left(1 - \dfrac{v}{c^2}u_x\right)}$$

$$u'_z = \frac{dz'}{dt'} = \frac{\dfrac{dz'}{dt}}{\dfrac{dt'}{dt}} = \frac{\dfrac{dz}{dt}}{\gamma - \dfrac{\gamma v}{c^2}\dfrac{dx}{dt}} = \frac{u_z}{\gamma\left(1 - \dfrac{v}{c^2}u_x\right)}$$

となる。導出は問題㉞参照。

問題㉞

　　y 方向と z 方向の変換式を導いてみよ。

　静止系と運動系の間での速度の変換をまとめておこう。

$$u'_x = \frac{u_x - v}{1 - \dfrac{v}{c^2}u_x}$$

$$u'_y = \frac{u_y}{\gamma\left(1 - \dfrac{v}{c^2}u_x\right)}$$

$$u'_z = \frac{u_z}{\gamma\left(1 - \dfrac{v}{c^2}u_x\right)}$$

• $c \to \infty$ でガリレイ変換になる
• 座標変換（ローレンツ変換）では y と z は変化しないが、速度の変換では変化する

解答㉞

　ローレンツ変換から、y' と t' の部分を抜き出すと、

$$y' = y$$

$$t' = \gamma\left(t - \frac{v}{c^2}x\right) = \gamma t - \frac{\gamma v}{c^2}x$$

であった。ここで γ、v、c は一定であることに注意して、それぞれの式を時間 t で微分すると、

$$\frac{dy'}{dt} = \frac{dy}{dt}$$

$$\frac{dt'}{dt} = \gamma - \frac{\gamma v}{c^2}\frac{dx}{dt}$$

となる。したがって、y 方向の速度の変換は、

$$u'_y = \frac{dy'}{dt'} = \frac{\dfrac{dy'}{dt}}{\dfrac{dt'}{dt}} = \frac{\dfrac{dy}{dt}}{\gamma - \dfrac{\gamma v}{c^2}\dfrac{dx}{dt}}$$

となり、さらに $dx/dt = u_x$ で $dy/dt = u_y$ だから、結局、

$$u'_y = \frac{\dfrac{dy}{dt}}{\gamma - \dfrac{\gamma v}{c^2}\dfrac{dx}{dt}} = \frac{u_y}{\gamma\left(1 - \dfrac{v}{c^2}u_x\right)}$$

となる。

　z 方向については添え字 y を添え字 z に変えればよい。

・相対運動のある x 方向と他の方向では形が違う
　以上の特徴を確かめてほしい。

②微小量の割り算による方法

　微分という操作だけでも面倒なのに、合成関数となると、頭がこんがらがるかもしれない。

　ここで微分というものの幾何学的意味に立ち戻れば、微分とは（関数

の）傾きであり、横方向の微小量（たとえば dt）と縦方向の微小量（たとえば dx）の比率 dx/dt である。そしてまた、微小量（たとえば dt）は、たんに微小なだけで、微小でないふつうの変数（たとえば t）と同じように変数扱いして構わない。数学的な厳密さはないが、通常の微分の考え方としては、これで十分に有用である。

　そしてローレンツ変換は線形変換[8]なので、座標変数を微小量にしてもまったく同じ関係式が成り立つ。すなわち、γ、v、c が一定であることを考慮しながら、ローレンツ変換の両辺の時空変数をすべて微小量にすると、

$$t' = \gamma\left(t - \frac{v}{c^2}x \right) \qquad dt' = \gamma\left(dt - \frac{v}{c^2}dx \right)$$

$$x' = \gamma(x - vt) \qquad dx' = \gamma(dx - vdt)$$

$$y' = y \qquad dy' = dy$$

$$z' = z \qquad dz' = dz$$

のような関係が即座に得られる。

　さて、運動系での速度の定義式をふたたび眺めてみると、

$$u'_x = \frac{dx'}{dt'}$$

$$u'_y = \frac{dy'}{dt'}$$

$$u'_z = \frac{dz'}{dt'}$$

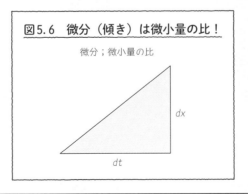

図5.6　微分（傾き）は微小量の比！

微分；微小量の比

dx

dt

8　線形変換でなければダメ。

であったが、それぞれ、微小量、dx' と dt' の比、dy' と dt' の比、dz' と dt' の比となっている。そして、それぞれの微小量は、微小量のローレンツ変換の式の左辺にすでに存在しているではないか。

すなわち、微小量のローレンツ変換の式を分母分子の微小量にそのまま代入すると、

$$u'_x = \frac{dx'}{dt'} = \frac{\gamma(dx - vdt)}{\gamma\left(dt - \dfrac{v}{c^2}dx\right)} = \frac{dx - vdt}{dt - \dfrac{v}{c^2}dx}$$

$$u'_y = \frac{dy'}{dt'} = \frac{dy}{\gamma\left(dt - \dfrac{v}{c^2}dx\right)}$$

$$u'_y = \frac{dz'}{dt'} = \frac{dz}{\gamma\left(dt - \dfrac{v}{c^2}dx\right)}$$

のようになる。さらに微小量 dt を変数扱いして、分母分子を dt で割ると、あっと言う間に、

$$u'_x = \frac{dx'}{dt'} = \frac{\gamma(dx - vdt)}{\gamma\left(dt - \dfrac{v}{c^2}dx\right)} = \frac{\dfrac{dx}{dt} - v}{1 - \dfrac{v}{c^2}\dfrac{dx}{dt}}$$

$$u'_y = \frac{dy'}{dt'} = \frac{dy}{\gamma\left(dt - \dfrac{v}{c^2}dx\right)} = \frac{\dfrac{dy}{dt}}{\gamma\left(1 - \dfrac{v}{c^2}\dfrac{dx}{dt}\right)}$$

$$u'_z = \frac{dz'}{dt'} = \frac{dz}{\gamma\left(dt - \dfrac{v}{c^2}dx\right)} = \frac{\dfrac{dz}{dt}}{\gamma\left(1 - \dfrac{v}{c^2}\dfrac{dx}{dt}\right)}$$

となり、$dx/dt = u_x$, $dy/dt = u_y$, $dz/dt = u_z$ なので、最終的に、

$$u'_x = \frac{\dfrac{dx}{dt} - v}{1 - \dfrac{v}{c^2}\dfrac{dx}{dt}} = \frac{u_x - v}{1 - \dfrac{v}{c^2}u_x}$$

$$u'_y = \frac{\dfrac{dy}{dt}}{\gamma\left(1 - \dfrac{v}{c^2}\dfrac{dx}{dt}\right)} = \frac{u_y}{\gamma\left(1 - \dfrac{v}{c^2}u_x\right)}$$

$$u'_z = \frac{\dfrac{dz}{dt}}{\gamma\left(1 - \dfrac{v}{c^2}\dfrac{dx}{dt}\right)} = \frac{u_z}{\gamma\left(1 - \dfrac{v}{c^2}u_x\right)}$$

と変形できる。

　なんと、微分という操作を経ずに、代入や割り算などと、各系での速度の定義だけで、静止系と運動系の間の速度の変換式が導けたのだ。

問題㉟

　ローレンツ変換の逆変換の場合について速度の変換式を導いてみよ。すなわち、運動系の速度から静止系の速度への変換式を導出してみよ。

最後に、速度の変換と逆変換をまとめておこう。

$$u'_x = \frac{u_x - v}{1 - \dfrac{v}{c^2}\, u_x} \qquad\qquad u_x = \frac{u'_x + v}{1 + \dfrac{v}{c^2}\, u'_x}$$

$$u'_y = \frac{u_y}{\gamma\left(1 - \dfrac{v}{c^2}\, u_x\right)} \qquad\qquad u_y = \frac{u'_y}{\gamma\left(1 + \dfrac{v}{c^2}\, u'_x\right)}$$

$$u'_z = \frac{u_z}{\gamma\left(1 - \dfrac{v}{c^2}\, u_x\right)} \qquad\qquad u_z = \frac{u'_z}{\gamma\left(1 + \dfrac{v}{c^2}\, u'_x\right)}$$

　見比べてもらうとわかるが、相対的という観点からは、ローレンツ変換と同じく速度の変換式も、静止系と運動系の変数をそっくり入れ替え、速度を v から（$-v$）に変えたものになっている。

ローレンツ変換の逆変換は、

$$t = \gamma\left(t' + \frac{v}{c^2}x'\right)$$
$$x = \gamma(x' + vt')$$
$$y = y'$$
$$z = z'$$

であった。微小量の方法の方が圧倒的に簡単なので、微小量の方法で導いてみよう。

上記の逆変換で時空変数をすべて微小量にすると、

$$dt = \gamma\left(dt' + \frac{v}{c^2}dx'\right)$$
$$dx = \gamma(dx' + vdt')$$
$$dy = dy'$$
$$dz = dz'$$

のような微小量の間の変換関係が得られる。

これらの微小量を、静止系で速度の定義式、

$$u_x = \frac{dx}{dt}$$

$$u_y = \frac{dy}{dt}$$

$$u_z = \frac{dz}{dt}$$

の分母分子にそのまま代入すると、

$$u_x = \frac{dx}{dt} = \frac{\gamma(dx' + vdt')}{\gamma\left(dt' + \frac{v}{c^2}dx'\right)} = \frac{dx' + vdt'}{dt' + \frac{v}{c^2}dx'}$$

$$u_y = \frac{dy}{dt} = \frac{dy}{\gamma\left(dt' + \frac{v}{c^2}dx'\right)}$$

$$u'_z = \frac{dz}{dt} = \frac{dz}{\gamma\left(dt' + \dfrac{v}{c^2}\,dx'\right)}$$

となる。さらに、分母分子を dt' で割り、$dx'/dt' = u'_x$、$dy'/dt' = u'_y$、$dz'/dt' = u'_z$ で置き換えると、あっと言う間に、

$$u_x = \frac{dx}{dt} = \frac{\gamma(dx' + vdt')}{\gamma\left(dt' + \dfrac{v}{c^2}\,dx'\right)} = \frac{dx' + vdt'}{dt' + \dfrac{v}{c^2}\,dx'} = \frac{\dfrac{dx'}{dt'} + v}{1 + \dfrac{v}{c^2}\dfrac{dx'}{dt'}}$$

$$= \frac{u'_x + v}{1 + \dfrac{v}{c^2}\,u'_x}$$

$$u_y = \frac{dy}{dt} = \frac{dy'}{\gamma\left(dt' + \dfrac{v}{c^2}\,dx'\right)} = \frac{\dfrac{dy'}{dt'}}{\gamma\left(1 + \dfrac{v}{c^2}\dfrac{dx'}{dt'}\right)}$$

$$= \frac{u'_y}{\gamma\left(1 + \dfrac{v}{c^2}\,u'_x\right)}$$

$$u_z = \frac{dz}{dt} = \frac{dz'}{\gamma\left(dt' + \dfrac{v}{c^2}\,dx'\right)} = \frac{\dfrac{dz'}{dt'}}{\gamma\left(1 + \dfrac{v}{c^2}\dfrac{dx'}{dt'}\right)}$$

$$= \frac{u'_z}{\gamma\left(1 + \dfrac{v}{c^2}\,u'_x\right)}$$

と変形できる。

 問題 ㊱

光速が無限大の場合、速度の変換式はどうなるか。

174

解答㊱

光速が無限大の場合、$c = \infty$ とし、$\gamma = 1$ なので、

$$u'_x = u_x - v \qquad u_x = u'_x + v$$
$$u'_y = u_y \qquad\qquad u_y = u'_y$$
$$u'_z = u_z \qquad\qquad u_z = u'_z$$

となり、ガリレイ変換に帰着する。

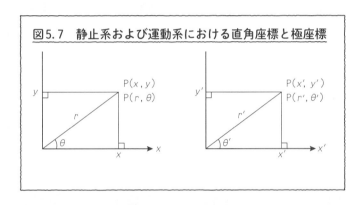

図5.7　静止系および運動系における直角座標と極座標

ところで、ローレンツ変換はガリレイ変換とは少し違うが、時空の座標変換であることに変わりはない。そして、ガリレイ変換、ローレンツ変換、速度の変換と、ここまでくると、座標変換・座標変換・座標変換……と座標変換ばかりで、相対論はいずこへ…、という気にもなってきたかもしれない。しかし、光速度不変の原理のもとでのその座標変換こそが、さまざまな観測者の固有時空の変換であり、相対論の根底をなすものなのだ。
　速度の変換についても、もう少し、おつきあい願いたい。

◎速度の変換の極座標表示

　さて、ここまで述べた速度の変換において、直角座標において速度（u_x, u_y, u_z）で運動する運動体に対しては何の条件も課していない。したがっ

て、光速 c で「運動する」光に対しても、速度の変換はそのまま成り立つ。しかしながら、直角座標で光速度の変換を表現するのは存外に面倒なのである。一般には直角座標がわかりやすいので直角座標を設定することも多いが、先にも述べたように、座標系は与えられるモノではなく、こちらの都合のよい座標系を与えるモノである。そして光速度 c という大きさが決まっている光に対しては、直角座標よりも極座標での変換の方が見通しがよいのだ。第7章で紹介する光行差への準備として、極座標で速度の変換を導いてみよう。

　以下では簡単のために、直角座標としては、運動方向を x 軸とし、運動に垂直な方向を y 軸として、もう1つの z 軸は省略しよう。また極座標としては、原点からの距離 r と x 軸から測った角度 θ を用いる。

　このとき、直角座標 (x, y) と極座標 (r, θ) の関係（変換）は、

$$x = r \cos \theta \cdots\cdots\cdots ㉔$$
$$y = r \sin \theta \cdots\cdots\cdots ㉕$$

で与えられた（1章）。

　運動系における直角座標 (x', y') と極座標 (r', θ') の取り方もまったく同様で、座標変換についても同型となる。

$$x' = r' \cos \theta' \cdots\cdots\cdots ㉖$$
$$y' = r' \sin \theta' \cdots\cdots\cdots ㉗$$

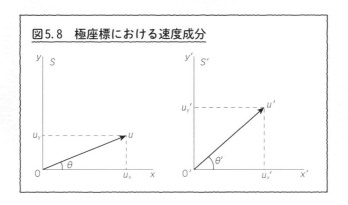

図5.8　極座標における速度成分

ただし、静止系の座標 (x, y) と運動系の座標 (x', y') は**ローレンツ変換で関係している**。

速度の極座標表示についても、座標の極座標表示と話はパラレルである。

すなわち、まず直角座標においては、運動方向の速度成分が u_x で、運動に垂直な方向の速度成分が u_y である。一方、極座標での速度成分は、速度の大きさ（いわば原点からの速度距離）が u で、x 軸から測った速度の方向の角度が θ となる。そして、直角座標成分 (u_x, u_y) と極座標成分 (u, θ) の関係（変換）は、

$$u_x = u \cos \theta \quad \cdots\cdots\cdots ⑳$$
$$u_y = u \sin \theta \quad \cdots\cdots\cdots ㉙$$

で与えられることになる。

運動系における直角座標成分 (u_x', u_y') と極座標成分 (u', θ') の取り方もまったく同様で、座標変換についても同型となる。

$$u'_x = u' \cos \theta' \quad \cdots\cdots\cdots ㉚$$
$$u'_y = u' \sin \theta' \quad \cdots\cdots\cdots ㉛$$

ただし、静止系の速度成分 (u_x, u_y) と運動系の速度成分 (u_x', u_y') は、ローレンツ変換では結びついておらず、先の**速度の変換で関係している**。

先の速度の変換は以下のようなものだった（xy 成分のみ）。

$$u'_x = \frac{u_x - v}{1 - \dfrac{v}{c^2} u_x} \quad \cdots ㉜ \qquad u_x = \frac{u'_x + v}{1 + \dfrac{v}{c^2} u'_x} \quad \cdots ㉞$$

$$u'_y = \frac{u_y}{\gamma \left(1 - \dfrac{v}{c^2} u_x \right)} \cdots ㉝ \qquad u_y = \frac{u'_y}{\gamma \left(1 + \dfrac{v}{c^2} u'_x \right)} \cdots ㉟$$

上記の変換式の各直角座標成分に、極座標での表現式を代入すれば、即座に、極座標成分での変換式が得られる。

㉘、㉚、㉜より、

$$u' \cos \theta' = \frac{u \cos \theta - v}{1 - \dfrac{v}{c^2} u \cos \theta}$$

㉘、㉚、㉞より、

$$u \cos \theta = \frac{u' \cos \theta' + v}{1 + \dfrac{v}{c^2} u' \cos \theta'}$$

㉙、㉛、㉝より、

$$u' \sin \theta' = \frac{u \sin \theta}{\gamma \left(1 - \dfrac{v}{c^2} u \cos \theta \right)}$$

㉙、㉛、㉟より、

$$u \sin \theta = \frac{u' \sin \theta'}{\gamma \left(1 + \dfrac{v}{c^2} u' \cos \theta' \right)}$$

　極座標における速度の変換式は多少複雑な形をしているが、初等関数の
みで表される。

 問 題 ㊲

　　極座標での速度の変換式の左辺から速度の大きさを消去
して、左辺を角度のみにしてみよ。

　これらの極座標における速度の変換式は、第7章で光の性質である光行
差の関係を導く際に必要になってくる。そして、ここから光行差、そして
$E = mc^2$ までは、もうそんなに遠くない。しかしせっかくローレンツ変換
まで導いたので、第6章では、座標や速度の変換の時空図における幾何学
的表現を紹介しておこう。

解答㊲

辺々を割り算すると、運動系の式に対しては、

$$\tan\theta' = \frac{u'\sin\theta'}{u'\cos\theta'} = \frac{\dfrac{u\sin\theta}{\gamma\left(1-\dfrac{v}{c^2}u\cos\theta\right)}}{\dfrac{u\cos\theta-v}{1-\dfrac{v}{c^2}u\cos\theta}} = \frac{u\sin\theta}{\gamma\left(u\cos\theta-v\right)}$$

となり、静止系の式に対しては、

$$\tan\theta = \frac{u\sin\theta}{u\cos\theta} = \frac{\dfrac{u'\sin\theta'}{\gamma\left(1+\dfrac{v}{c^2}u'\cos\theta'\right)}}{\dfrac{u'\cos\theta'+v}{1+\dfrac{v}{c^2}u'\cos\theta'}} = \frac{u'\sin\theta'}{\gamma\left(u'\cos\theta'+v\right)}$$

となる。右辺には u' が残るので角度だけの変換式にはならない。

第6章

時空図と
相対論の幾何学

本章の概要

　時空を物理量として捉え直し、時空と速度の変換を終えた前章の段階で、アインシュタインの式を証明するための準備は一通り出揃った。先へ進む前に、ここでいったん、時空の幾何学的な表現について紹介しておきたい。すなわち、前章までは主に数式を中心に、時空や変換を導出してきたが、本章では、第1章で整理した空間座標を時間まで組み込んだ時空座標へと発展させてみよう。そしてその時空座標（時空図）の上で、さまざまな変換や不変量がどのように表現されるのかを見ていこう。数式で表された相対論の内容について、4次元時空における幾何学的な表現を見てみよう。

本章の流れ

　まず1で、道のりと時間の経過を表す、いわゆる時空図について、通常の時空ダイアグラムと相対論におけるミンコフスキーダイアグラムを紹介する。
　次に2で、ミンコフスキーダイアグラムにおいて、ガリレイ変換がどう表されるか、またローレンツ変換がどう表現されるかを図示しよう。
　そして3で、時空図の上では相対論的不変量がどのようになるかについて、いくつかの例で示そう。
　最後に4で、相対論的な時間の遅れや同時の相対性が時空図上でどうなるかを見てみよう。

● この章に出てくる数式

光速で無次元化した速度 $\beta = \dfrac{v}{c}$

速度と時間で表した距離 $\beta ct = vt$

ローレンツ因子 $\gamma = \dfrac{1}{\sqrt{1 - \dfrac{v^2}{c^2}}}$

ローレンツ因子の変形 $1 - \beta^2 = \dfrac{1}{\gamma^2}$

時空距離の2乗 $s^2 = (ct)^2 - x^2$

微小時空距離の2乗 $ds^2 = (cdt)^2 - dx^2$

本章では特殊相対論における変換や不変量などの数式について、視覚的に捉えやすくした時空図（ミンコフスキーダイアグラム）を導入し、時空図の上で、さまざまな変換や不変量を表してみる。

1 時空図とミンコフスキーダイアグラム

特殊相対論では、時間も空間も観測者によって変化する物理量となった。その結果、一見まったく性質が違うように見える1次元の時間と3次元の空間は別なものではなく、1つのまとまった実体として扱える。これを4次元時空（4次元時空連続体）と呼ぶ。

◎時空座標と時空図

時間と空間を一緒に扱う以上は、幾何学的な（図形的な）表現についても同じようにした方が便利だ。時間座標を空間的に表した**時空ダイアグラム／時空図**（spacetime diagram）で、物体の運動を視覚的に表すことを考えてみよう。もっとも、時空ダイアグラムとはいっても難しく考える必要はない。中学校あたりで習う、道のりと時間の経過のグラフと基本は同じである。

ただし、実際の空間は3次元もあり、1次元の時間と共に図示するのは難しいので、通常は空間の次元を減らして表現する。たとえば、横軸に空間の距離 x を、縦軸に時間 t をとったり、水平方向に x 軸と y 軸を、縦方向に時間 t をとったりする。その際、時間軸は必ず縦軸（鉛直方向）で、原点が現在、原点より下を過去、上を未来に取る約束だ。

具体例を考えてみよう。まず、A地点からB地点まで一本道を進む場合、横方向に1次元の空間、縦方向に時間（上が未来）を取った時空図で物体の運動を表せる。静止した物体は、空間座標 x の値は変わらず時間だけが過ぎていくので、静止した物体の軌跡は鉛直方向に過去から未来に向かって伸びる直線になる。一定速度で動く物体の軌跡は傾いた直線になる。そして、速度が速いほど直線の傾きは小さくなるだろう。

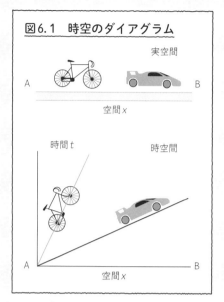

図6.1　時空のダイアグラム

実空間

A　　　　　　　　　　　　　　B

空間 x

時間 t　　　　　　　　時空間

A　　　　　　　　　　　　　　B

空間 x

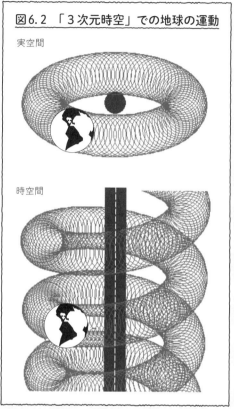

図6.2　「３次元時空」での地球の運動

実空間

時空間

　つぎに、太陽の周りを回る惑星（地球）の運動を水平方向に２次元の空間を取った時空図で表してみよう。太陽は原点に静止しているので、時空図における太陽の軌跡は、時間軸に沿った真っ直ぐな直線になる。一方、空間内で円運動している惑星の軌跡は、時間が進むにつれ上の方向（未来方向）に引き延ばされて、図6.2のように螺旋状になるだろう。

◎光速度を基準にしたミンコフスキー時空図

　ふつうの時空図だと、たとえば空間軸は m とか km の単位で測り、時間軸は秒や時間で計る。人間にとって便利な身の周りのスケールで、それぞれの軸の目盛りを刻んでいるわけだ。そのような目盛りスケールでは、秒速30万 km もの高速の光の軌跡は水平に近い直線になってしまう。

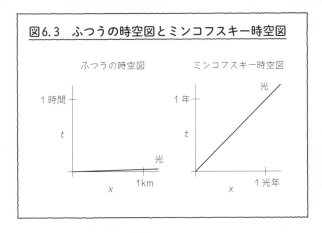

図6.3　ふつうの時空図とミンコフスキー時空図

ふつうの時空図　　　　　ミンコフスキー時空図

　一方、相対論では光速度を基準にして世の出来事を考える。そのような光速に近い現象を扱う世界では、時空図も光速度を基準にすべきだ。そして光の軌跡が時間軸にも空間軸にも偏らず45°の直線になるのがもっとも自然な表現となる。

　具体的には、時間軸の1目盛りを1秒にするなら、同じ長さに取った空間軸の1目盛りは1光秒[1]に刻む。あるいは、空間軸方向には1光年[2]の目盛りを、時間軸方向には1年の目盛りを、同じ長さで刻む。こうすれば、光の軌跡は角度45°の直線になり、時間軸と空間軸に対してきれいな対称性が得られる。

　このような、光の軌跡が常に傾き45°の直線になるように目盛りを刻んだ時空図を**ミンコフスキーダイアグラム／ミンコフスキー時空図**（Minkowski diagram）と呼ぶ。なお、ミンコフスキー時空図では、空間座標は時間 t ではなく、光速 c を掛けて長さの次元とした ct で表すのが普通である。

　ミンコフスキー時空図は、発表当時は数式だけでわかりにくかった相対論を、図形的にわかりやすく表現しようとして、ドイツの数学者ヘルマン・ミンコフスキー[3]が1908年に提案した。

1　1光秒は、光速で進んで1秒かかる距離で、約30万 km である。

2　1光年は、光速で進んで1年かかる距離で、約9兆5000億 km となる。

縦軸を t でなく ct で表した場合、具合的にはどのような目盛り刻みになるだろうか。

◎ミンコフスキー時空で世界を考える

　光の軌跡が45°の直線になるように表したミンコフスキー時空を使うと、相対論的な現象をわかりやすく表現できる。ミンコフスキー時空から世界を眺めてみよう。

　3次元の実空間では、原点から光を放ったとき、光の波面は空間内を球状に拡がっていく。時間の経緯は球状の波面の移動として見てとれる。一方、時間まで含めた時空図では、たとえば2次元の空間＋1次元の時間からなるミンコフスキー時空図では、光の波面は上（未来）方向へ拡がる円錐面となる。時間の経緯も時空座標に取り込まれているので、上（未来）方向へ拡がる1つの円錐面だけで、時間変化も含めた光の波面の拡がりが表現できていることになる。

　なお、その形状から、空間座標が1つの場合（45°に傾いた直線になる）も含め、ミンコフスキー時空図での光の軌跡を**光円錐**（light cone）と呼ぶ。

　さて、このようなミンコフスキー時空図の上で、いろいろな運動がどう表されるかを考えてみよう。

　まずあなたが原点にいるとすると、そこがあなた自身の（いま、ここ）となる。またミンコフスキー時空図の中のある特定の1点Pは、（あるとき、あるところ）に対応する。通常の空間座標に対し、これらは時間と空

3　ヘルマン・ミンコフスキー（1864〜1909）は、ドイツの数学者で、相対論の幾何学化に貢献した。大学時代のアインシュタインを教えたこともある。数式で抽象的に考えてきたアインシュタイン自身は、当初はミンコフスキー時空図は不要だとしていたが、その後、ミンコフスキー時空図が相対論を理解する上で非常に有用なことを認めた。

解答㊳

たとえば、横軸が $x = 1$ 光年に対し、縦軸が（$t = 1$ 年ではなく）、$ct = 1$ 光年と同じ目盛りで表せる。より一般的には、横軸も縦軸も、同じ長さの次元となるので、横軸の1目盛りを $x = 1\,\mathrm{m}$ とするなら、縦軸の1目盛りも $ct = 1\,\mathrm{m}$ となる。そのときの縦軸の1目盛りに相当する時間は、$t = 1\,\mathrm{m}/c = 1/300{,}000{,}000$ 秒となる。

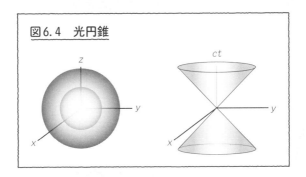

図6.4　光円錐

間の座標成分をもつ**時空座標**である。その（あるとき、あるところ）で何か出来事が起きたとき、それを**事象**[4]（event）と呼ぶ。

　もしあなたが x 軸上で静止していれば、あなたは時間軸上を過去から未来に移動していくだけなので、あなたは x 軸に垂直な直線で表される。静止した他の慣性系も時間軸に平行な直線になる。

　もしあなたが x 軸の正の方向に等速で動いていれば、あなたの軌跡は原点を通って右方向に傾いた直線で表される。逆に、x 軸の負の方向に等速で動いていれば、あなたの軌跡は原点を通って左方向に傾いた直線で表される。等速直線運動している他の慣性系もすべて、鉛直方向から少し傾いた直線になる。

4　事象と書くと難しく聞こえるが、要は「できごと」のことで、英語でも event とごくふつうの言葉である。

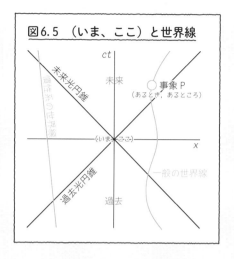

図6.5 （いま、ここ）と世界線

ct
未来光円錐
運動系の座標軸
未来
事象 P
（あるとき, あるところ）
（いま、ここ）
x
一般の世界線
過去光円錐
過去

さらに加速や減速もある運動をしている系は、ミンコフスキー時空図上では曲がりくねった軌跡となる。ただし、以降で述べるように、あらゆる物体の速度は光速を超えることはできないので、等速直線運動も含め、一般の運動系の軌跡の傾きが45°よりも水平方向に傾くことはない。

以上のように、空間内におけるさまざまな運動は、時空図の上では連続した一繋がりの軌跡として表現される。これらミンコフスキー時空図におけるいろいろな物体の軌跡を物体の**世界線**（world line）と呼ぶ。

問題㊴

光の世界線はどうなるか。

解答㊴

光の軌跡（世界線）はミンコフスキー時空図の決め方から、常に45°の傾きの直線（光円錐）になる。したがって、光円錐が光の世界線にほかならない。

◎過去と未来といつでもないところ

ミンコフスキー時空図では、事象Ｐが、（いま、ここ）を通る光円錐に対してどこに位置するかによって、その事象との関係が定まる。

あらゆる物体の速度は光速を超えることはできないので、あらゆる物体の世界線の傾きは45°より急になる。したがって、（いま、ここ）を通るすべての世界線は（いま、ここ）を通る光円錐の内部に含まれる。

そして、（いま、ここ）より下側の光円錐内で起こった出来事は、（いま、ここ）に光その他の手段で到達することができるので、（いま、ここ）に影響を与えことができるという意味で、（いま、ここ）の**過去**に属する。逆に、（いま、ここ）より上側の光円錐で起こる出来事には、（いま、ここ）から光その他の手段で到達できるので、（いま、ここ）が影響を与えうるという意味で、（いま、ここ）の**未来**に属する[5]。

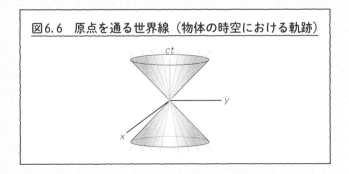

図6.6　原点を通る世界線（物体の時空における軌跡）

5　時空図での過去や未来を、時間的に離れているということもある。

では、それ以外の領域、(いま、ここ)を通る光円錐の外側の領域はどうなるのだろう。その領域は、そこでの出来事が、(いま、ここ)と因果関係をもち得ないので、(いま、ここ)の過去でも未来でもない領域となるのだ[6]。

　それらの領域を区分けする境界が光円錐である。

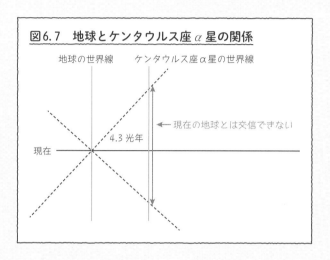

図6.7　地球とケンタウルス座 α 星の関係

地球の世界線　　　ケンタウルス座 α 星の世界線

← 現在の地球とは交信できない

4.3 光年

現在

　なお、光円錐の外側の**いつでもないところ**が、この世に存在していないわけではない。たとえば、4.3光年先のケンタウルス座 α 星を考えてみよう。地球とケンタウルス座 α 星の運動を無視して相対的に静止しているとすれば、地球の世界線は過去から未来へ伸びる鉛直線で表され、ケンタウルス座 α 星の世界線も空間軸方向に4.3光年離れた位置で鉛直線となる。さて、ちょうど「4.3年前」のケンタウルス座 α 星は、その光をまさに現在の地球で受けているので、ぼくたちの過去に存在していた。逆に、ちょうど「4.3年後」のケンタウルス座 α 星には、現在の地球から信号を送れるので、ぼくたちの未来に存在する。しかし、4.3年前から4.3年後の間のケンタウルス座 α 星とは、現在の地球は信号のやり取りができない。そして、「現在の瞬間」にも、おそらくはケンタウルス座 α 星は存在しているだろう。ただし、そことは信号のやり取りができないので、未来とか過去とか決め

6　空間的に離れているということもある。

られないということなのだ。絶対時間を捨て去るとは、そういうことである。

2 時空図でのガリレイ変換とローレンツ変換

以上のようなミンコフスキー時空図で、さまざまな変換を表す時空座標を表現してみよう。具体的には、時空座標を表す格子線を描いてみよう。

◎時空座標の格子線

(1) 慣性系の座標格子

まず静止系（慣性系）だが、これは簡単で、x 座標（空間座標）の格子線は、x の値が一定の線（静止系において静止している物体の世界線）だから、x 軸に垂直な鉛直方向の直線群となる。同様に、ct 座標（時間座標）の格子線は、t の値が一定の線（静止系において同時刻の場所）だから、ct 軸に垂直な水平方向の直線群となる。すなわち、静止系の時空図では、x と ct は直角格子となっている。

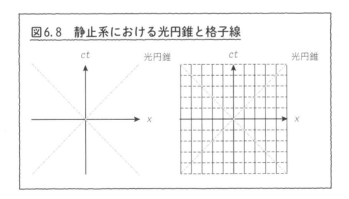

図6.8 静止系における光円錐と格子線

(2) ガリレイ変換

つぎに、ガリレイ変換を考えてみよう。

第5章と同様、静止系 S に対して運動系 S′ は $x(x')$ 方向に速度 v で等

速直線運動しているとする。このとき S 系と S′ 系の間のガリレイ変換は、

$$t' = t$$
$$x' = x - vt$$
$$y' = y$$
$$z' = z$$

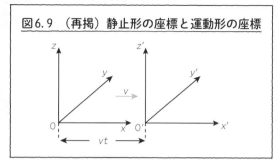

図6.9 （再掲）静止形の座標と運動形の座標

という式で表された。

　静止系の時空図で x 軸の正の方向に等速直線運動している物体の世界線は、右に傾いた直線になる。この世界線は運動している物体の原点の軌跡なので、運動系における時間軸にほかならない。同様に、運動系で空間座標が一定の線は、静止系では傾いた直線群になるだろう。すなわち、ガリレイ変換のもとでは、静止系の時空図上では、運動系の空間座標は斜行格子となっている。

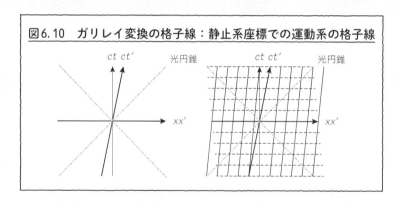

図6.10　ガリレイ変換の格子線：静止系座標での運動系の格子線

　以上のことを、数式で確認しておこう。
　運動系の原点は、

$$x' = 0$$

なので、ガリレイ変換の式へ代入すると、静止系では、

$$0 = x - vt$$

192

だから、vt を移項して、

$$vt = x$$

となる。ここで光速で割った速度 $\beta \equiv v/c$ を用いると、

$$\beta ct = (v/c)ct = vt$$

なので、

$$\beta ct = vt = x$$

である。最後に両辺を β で割ると、

$$ct = \frac{1}{\beta}x$$

という ct（y 軸に相当する）と x の間の関係式が得られる。この式から、たしかに運動系の原点は、静止系（x-ct 座標）では原点を通り傾きが一定（$1/\beta$）の直線になっていることがわかる。そして β が正のときには、x 軸の正の方向（右方向）に傾いた直線となっている。

　同様に、運動系の空間座標 x' が一定の格子線は、ガリレイ変換の式から、

$$x' = x - vt$$

だから、vt を左辺に x' を右辺に移項して、

$$vt = x - x'$$

となる。ここでやはり光速で割った速度 $\beta \equiv v/c$ を用いると、

$$\beta ct = vt$$

なので、

$$\beta ct = vt = x - x'$$

である。最後に両辺を β で割ると、

$$ct = \frac{1}{\beta}x - \frac{1}{\beta}x'$$

という関係式が得られる。この式はやはり静止系の x-ct 座標では、傾きが $(1/\beta)$ で切片（一次関数が y 軸と交わっている点）が $(-x'/\beta)$ の直線を表す式である。そしてこの式で、定数 x' がいろいろな値を取るとき、切片の値は変化するが、傾きは一定 $(1/\beta)$ の直線群になることがわかる。さらに β が正のときには、x 軸の正の方向（右方向）に傾いた直線群となっている。

　ガリレイ変換では時間座標は変わらないので、時間軸の格子線は水平方向の直線群のままである。

問 題 ㊵ -

　逆に、ガリレイ変換のもとで、x' と ct' が直角格子となる運動系の時空図では、静止系の空間格子はどうなるだろうか。

(3) ローレンツ変換

　さらに、ローレンツ変換を考えてみよう。

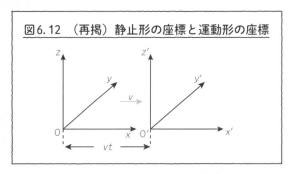

図6.12 （再掲）静止形の座標と運動形の座標

　ガリレイ変換のときと同じく、静止系 S に対して運動系 S′ は $x(x')$ 方向に速度 v で等速直線運動しているとする。このとき S 系と S′ 系の間のローレンツ変換は、第 5 章で示したように、

解答㊵

静止系の空間座標 x が一定の格子線は、ガリレイ変換の式に入れると、

$$x' = x - vt$$

だから、vt を左辺に x' を右辺に移項して、

$$vt = x - x'$$

となる。上記の式と形は同じだが、ここでは x' ではなく x が定数である。

ここでやはり光速で割った速度 $\beta \equiv v/c$ を用いると、

$$\beta ct = vt = x - x'$$

である。最後に両辺を β で割ると、

$$ct = \frac{1}{\beta}x - \frac{1}{\beta}x'$$

とまったく同じ変形をすればよい（$t = t'$）。そして、x' と ct'（$= ct$）が直角格子となる運動系の $x' - ct'$ 座標上では、x' の係数である（$-1/\beta$）が傾きで、切片が（x/β）の直線を表していることになる（静止系のときと異なり、今度は、x' の方が変数で、x は定数に相当する）。そして x がいろいろな値を取るとき、切片は変化するが、上の式は、傾きは一定（$-1/\beta$）の直線群になることがわかる。ただし、静止系から見た場合と反対に、β が正のときには、x 軸の負の方向（左方向）へ傾いた直線群となる。

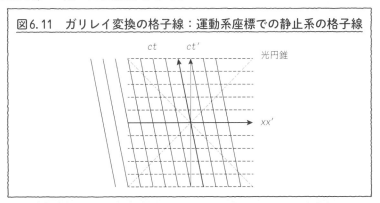

図6.11　ガリレイ変換の格子線：運動系座標での静止系の格子線

第6章

195

$$t' = \gamma \left(t - \frac{v}{c^2} x \right)$$

$$x' = \gamma(x - vt) \qquad ただし、\gamma \equiv \frac{1}{\sqrt{1 - \dfrac{v^2}{c^2}}}$$

$$y' = y$$

$$z' = z$$

という式で表された。

　ローレンツ変換では時間座標も変換する。そして、運動系で空間座標が一定の線が静止系では傾いた直線群になったように、運動系で時間座標が一定の線も静止系では傾いた直線群になるのだ。すなわち、ローレンツ変換のもとでは、静止系の時空図上では、運動系の時空座標は空間座標も時間座標も斜行格子となっている。

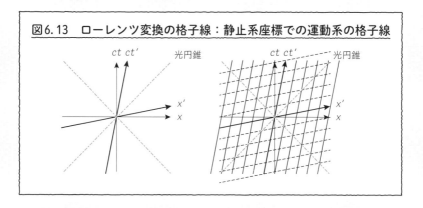

図6.13　ローレンツ変換の格子線：静止系座標での運動系の格子線

　この時間座標一定の直線群の傾きは、空間座標一定の直線群の傾きの逆数となる。すなわち、45°に傾いた光円錐に対しては、時間座標一定の直線群と空間座標一定の直線群は、対称な模様を描くことになる。

　さらに速度が大きくなればなるほど、直線群の傾きも大きくなる。そして光速の極限で、運動系の座標線はすべて光円錐に一致してしまう。

　以上のことを、数式で確認しておこう。

　運動系の原点の空間座標は、

$$x' = 0$$

なので、ローレンツ変換の式へ代入すると、静止系では、

$$0 = \gamma(x - vt)$$

だから、γ で割り、vt を移項して、

$$vt = x$$

となる。ここでふたたび光速で割った速度 $\beta \equiv \dfrac{v}{c}$ を用いると、

$$\beta ct = \left(\dfrac{v}{c}\right)ct = vt$$

なので、

$$\beta ct = vt = x$$

である。最後に両辺を β で割ると、

$$ct = \dfrac{1}{\beta}x$$

となる。すなわち、ガリレイ変換と同じく、ローレンツ変換でも、運動系の原点は、静止系では傾きが一定（$1/\beta$）の直線になっている。そして β が正のときには、x 軸の正の方向（右方向）に傾いた直線となっている。

　同様に、運動系の空間座標 x' が一定の格子線は、ローレンツ変換の式から、

$$x' = \gamma(x - vt) = \gamma x - \gamma vt$$

だから、γvt を左辺に x' を右辺に移項して、

$$\gamma vt = \gamma x - x'$$

となる。両辺を γ で割ると、

$$vt = x - \dfrac{x'}{\gamma}$$

となり、$\beta ct = vt$ を使うと、

$$\beta ct = vt = x - \frac{x'}{\gamma}$$

である。最後に両辺を β で割ると、

$$ct = \frac{1}{\beta}x - \frac{1}{\gamma\beta}x'$$

という関係式が得られる。ガリレイ変換の場合と同様、この式は x 軸と ct 軸を直角座標とする静止系の x-ct 座標では、傾きが $(1/\beta)$ で切片が $(-x'/\gamma\beta)$ の直線を表す式である。そしてこの式で、定数 x' がいろいろな値を取るとき、やはり傾きが一定 $(1/\beta)$ の直線群になることがわかる。さらに β が正のときには、x 軸の正の方向（右方向）に傾いた直線群となる。

一方、運動系の原点の時間座標は、

$$t' = 0$$

なので、ローレンツ変換の式へ代入すると、静止系では、

$$0 = \gamma\left(t - \frac{v}{c^2}x\right)$$

だから、

$$t = \frac{v}{c^2}x$$

である。ここで両辺に c を掛けて、β を用いると、

$$ct = \beta x$$

という関係式が得られる。すなわち、ガリレイ変換と異なり、ローレンツ変換では、運動系の原点は、静止系では傾きが一定 (β) の直線になっている。そして β が正のときには、ct 軸の正の方向（上方向）に傾いた直線となっている。

同様に、運動系の時間座標 t' が一定の格子線は、ローレンツ変換で、

$$t' = \gamma\left(t - \frac{v}{c^2}x\right)$$

の両辺を γ で割って、

$$\frac{1}{\gamma} t' = t - \frac{v}{c^2} x$$

となり、移項して、

$$t = \frac{v}{c^2} x + \frac{1}{\gamma} t'$$

となる。さらに両辺に c を掛けて β を使うと、

$$ct = \beta x + \frac{1}{\gamma} ct'$$

という関係式が得られる。この式は x 軸と ct 軸を直角座標とする静止系の x-ct 座標では、傾きが（β）で切片が（$1/\gamma$）の直線を表す式である。そして、t' がいろいろな値を取るとき、やはり傾きが一定（β）の直線群になることがわかる。さらに β が正のときには、ct 軸の正の方向（上方向）に傾いた直線群となる。

　これら、静止系における運動系空間格子線の傾き（$1/\beta$）と時間格子線の傾き（β）はちょうど逆数の関係になっていて、45°の直線に対して対称となる。そして、運動系の速度が光速に近づけば近づくほど、どちらの傾きも 45° に近づいていく。

問題㊶

　ローレンツ変換のもとで、x' と ct' が直角格子となる運動系の時空図では、静止系の時空格子はどうなるだろうか。

解答㊶ -

　ローレンツ変換では x も ct も変換するので、逆変換の式で考えないといけない。

　ローレンツ変換、

$$t' = \gamma\left(t - \frac{v}{c^2}x\right)$$

$$x' = \gamma(x - vt)$$

の逆変換は、この2式を t と x に関する連立一次方程式と考えて解いたら得られる。一方、逆変換の物理的な意味を考えれば、単なる置き換えで導くことができる。すなわち、上の式は静止系（t, x）から速度 v で x 軸の正方向へ動く運動系（t', x'）へのローレンツ変換である。その逆変換というのは、運動系（t', x'）から静止系（t, x）へのローレンツ変換だが、運動系から見れば静止系は速度（$-v$）で x 軸の負方向へ動いて見えることを考え合わせると、x と x'、ct と ct' を入れ替え、v を $-v$ と置き換えた、

$$t = \gamma\left(t' + \frac{v}{c^2}x'\right)$$

$$x = \gamma(x' + vt')$$

が逆変換ということになる。

　運動系の座標上で、静止系の空間座標 x が一定の格子線は、ローレンツ変換の式（下の式）を用いると、

$$x = \gamma(x' + vt')$$

$$\frac{1}{\gamma}x = x' + vt'$$

$$vt' = \frac{1}{\gamma}x - x'$$

ここで $\beta = v/c$ すなわち $v = \beta c$ を使うと、

$$\beta ct' = \frac{1}{\gamma}x - x'$$

$$ct' = \frac{1}{\beta\gamma}x - \frac{1}{\beta}x'$$

となる。そして、x がいろいろな値を取るとき、(x', ct') の座標上では、傾きが一定（$-1/\beta$）の直線群になることがわかる。ただし、β が正のときには、x 軸の負の方向（左方向）に傾いた直線群となる。

　同様に、運動系の座標上で時間座標 t が一定の格子線は、ローレンツ変換の式（200ページの式）を用いると、

$$t = \gamma\left(t' + \frac{v}{c^2}x'\right)$$

$$\frac{1}{\gamma}t = t' + \frac{v}{c^2}x'$$

$$t' = -\frac{v}{c^2}x' + \frac{1}{\gamma}t$$

$$ct' = -\beta x' + \frac{1}{\gamma}ct$$

となる。すなわち、t がいろいろな値を取るとき、やはり傾きが一定（$-\beta$）の直線群になることがわかる。ただし、β が正のときには、ct' 軸の負の方向（下上方向）に傾いた直線群となる。

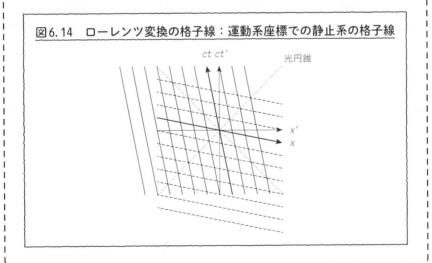

図6.14　ローレンツ変換の格子線：運動系座標での静止系の格子線

3　時空図における不変量と世界間隔

　先に第1章で、空間座標の変換や座標変換における不変量を説明した。ここではいよいよ、時空座標における不変量、すなわち**相対論的不変量**

（relativistic invariant）や、それに関連して世界間隔というものを考えてみたい。

相対論の枠組みでは時間も空間も変化するが、時間と空間を合わせた時空では不変量が存在するのである。

◎時空でのピタゴラスの定理は引き算になる

時空における不変量を考えるために、第1章の要点も合わせて、1次元の空間（x軸）と1次元の空間（y軸）からなる2次元の空間（2D空間）と、1次元の時間（ct軸）と1次元の空間（x軸）からなる2次元の時空（2D時空）を比較しながら話を進めよう。

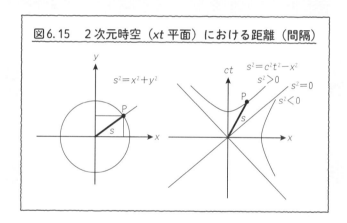

図6.15　2次元時空（xt平面）における距離（間隔）

不変量1　原点からの距離

さてまず、2D空間（xy平面）で、原点Oと点Pの距離をℓとしたとき、ピタゴラスの定理から、x座標の2乗とy座標の2乗が距離ℓの2乗になる。そして座標系が変わっても、原点からの距離ℓという長さそのものは変化しない。すなわち空間座標において距離ℓは不変量だった。

$$\ell^2 = x^2 + y^2 = X^2 + Y^2$$

ちなみに、原点からの距離ℓが一定の軌跡は、原点を中心とした半径ℓの円となる。

一方、2D 時空（xt 平面）の場合も、やはりミンコフスキー時空の原点 O と事象 P の「間隔」s が時空における不変量となる。

ただし、空間におけるピタゴラスの定理は上記のように足し算であったが、時空におけるピタゴラスの定理は引き算になる。もし時空におけるピタゴラスの定理も足し算になるなら、時間と空間はまったく同じモノということになってしまうが、やはり時間と空間は違うモノなのである。ミンコフスキーダイアグラムでも、時間座標と空間座標は光円錐に対して対称に振る舞うが、幾何学的には対称的に見えつつも、やはり時間軸と空間軸は違う実体なのだ。それが時空におけるピタゴラスの定理の符号の違いとなって表出したのである。

すなわち、時空におけるピタゴラスの定理では、ct 座標の 2 乗から x 座標の 2 乗を引いたものが間隔 s の 2 乗になるのだ。

$$s^2 = (ct)^2 - x^2$$

では、ローレンツ変換を用いて、このことを証明してみよう。

$$s^2 = (ct)^2 - x^2$$

の右辺にローレンツ変換の逆変換を代入していく。

ローレンツ変換の逆変換は、

$$t = \gamma\left(t' + \frac{v}{c^2}x'\right)$$
$$x = \gamma(x' + vt')$$

上の式の両辺に c を掛ける。

$$ct = \gamma\left(ct' + \frac{v}{c}x'\right)$$
$$x = \gamma(x' + vt')$$

簡略のため、$\beta = v/c$ と置くと、

$$ct = \gamma(ct' + \beta x')$$

$$x = \gamma(x' + vt')$$

と変形できた。この式を右辺に代入して展開していく。

まず単純に代入すると、

$$s^2 = (ct)^2 - x^2$$
$$= \gamma^2(ct' + \beta x')^2 - \gamma^2(x' + vt')^2$$
$$= \gamma^2[(ct')^2 + 2ct'\beta x' + (\beta x')^2 - (x')^2 - 2x'vt' - (vt')^2]$$

となる。ここで、$\beta \equiv v/c$ なので、$v = \beta c$ を入れて整理すると、

$$s^2 = \gamma^2[(ct')^2 - (\beta ct')^2 + (\beta x')^2 - (x')^2 + 2ct'\beta x' - 2x'\beta ct']$$
$$= \gamma^2[(1 - \beta^2)(ct')^2 - (1 - \beta^2)(x')^2]$$
$$= \gamma^2(1 - \beta^2)(ct')^2 - \gamma^2(1 - \beta^2)(x')^2$$

のように変形できる。

一方、$\beta = v/c$ を使うと、ローレンツ因子 γ は、

$$\gamma = \frac{1}{\sqrt{1 - \dfrac{v^2}{c^2}}} = \frac{1}{\sqrt{1 - \beta^2}}$$

と表せて、両辺を 2 乗すると、

$$\gamma^2 = \frac{1}{1 - \beta^2}$$

となるので、分母を払うと、

$$\gamma^2(1 - \beta^2) = 1$$

という関係が得られる。これを使うと、上の s^2 の最後の行は、

$$s^2 = \gamma^2(1 - \beta^2)(ct')^2 - \gamma^2(1 - \beta^2)(x')^2$$
$$= (ct')^2 - (x')^2$$

のように整理できる。

以上のように、ローレンツ変換に対して、s^2 はたしかに不変量であることがわかった。

ところで、2D 空間で原点からの距離 ℓ が一定の軌跡は、原点を中心とした半径 ℓ の円であった。一方、時空図において、原点との「間隔」s が一定の軌跡はどんな曲線を描くのだろうか。これは、

$$(ct)^2 - x^2 = s^2$$

と置いて、ct を y 軸のように考えると、双曲線のグラフになることがわかるだろう。そして s^2 の値が正の場合は ct 軸を対称軸とする双曲線となり、逆に s^2 の値が負であれば x 軸を対称軸とする双曲線になる。最後に、s^2 が 0 の場合は 45° の直線、すなわち光円錐に一致する。

　空間においては距離の 2 乗は常に正である。しかし、時空では間隔の 2 乗 (s^2) は、光円錐の内側の未来・過去領域では正、光円錐の外側の領域では負、そして光円錐上では 0 となることを意味している。

問題㊷

$$s^2 = (ct')^2 - x'^2$$

の式にローレンツ変換の正変換を代入して、不変であることを確かめよ。

ローレンツ変換の正変換は、

$$t' = \gamma\left(t - \frac{v}{c^2}x\right)$$
$$x' = \gamma(x - vt)$$

上の式の両辺に c を掛ける。

$$ct' = \gamma\left(ct - \frac{v}{c}x\right)$$
$$x' = \gamma(x - vt)$$

簡略のため、$\beta = v/c$ と置くと、

$$ct' = \gamma(ct - \beta x)$$
$$x' = \gamma(x - vt)$$

と変形できる。この式を右辺に代入して展開していく。

$$\begin{aligned}s^2 &= (ct')^2 - (x')^2\\&= \gamma^2(ct - \beta x)^2 - \gamma^2(x - vt)^2\\&= \gamma^2[(ct)^2 - 2ct\beta x + (\beta x)^2 - x^2 + 2xvt - (vt)^2]\end{aligned}$$

やはりここで、$\beta = v/c$ を用いると、

$$\begin{aligned}s^2 &= \gamma^2[(ct)^2 - (\beta ct)^2 + (\beta x)^2 - x^2 - 2ct\beta x + 2x\beta ct]\\&= \gamma^2[(1 - \beta^2)(ct)^2 - (1 - \beta^2)x^2]\\&= \gamma^2(1 - \beta^2)(ct)^2 - \gamma^2(1 - \beta^2)x^2\end{aligned}$$

さらにここで、さきほど導いた、β と γ の間の関係式：

$$\gamma^2(1 - \beta^2) = 1$$

を使うと、上の s^2 の最後の行は、

$$\begin{aligned}s^2 &= \gamma^2(1 - \beta^2)(ct)^2 - \gamma^2(1 - \beta^2)x^2\\&= (ct)^2 - x^2\end{aligned}$$

のように整理できて、不変性が証明できた。

不変量2　事象Ｐと事象Ｑの間隔

　2D 空間（xy 平面）では、原点Ｏと点Ｐの距離、原点Ｏと点Ｑの距離が不変量になるのと同時に、点Ｐと点Ｑの距離も不変量になった。すなわち、一般的な2点間の距離（間隔）

$$\ell^2 = (x_P - x_Q)^2 + (y_P - y_Q)^2$$
$$= (X_P - X_Q)^2 + (Y_P - Y_Q)^2$$

が座標によらない不変量だった。

　一方、2D 時空（xt 平面）の場合も、やはりミンコフスキー時空における、事象Ｐと事象Ｑの「間隔」s が、座標系（慣性系）によらない時空における不変量となる。

$$s^2 = (ct_P - ct_Q)^2 - (x_P - x_Q)^2$$
$$= (ct'_P - ct'_Q)^2 - (x'_P - x'_Q)^2$$

なお、この時空における「間隔」s を**世界間隔**と呼ぶ。

　では、ふたたび、ローレンツ変換を用いて、世界間隔の不変性を証明してみよう。

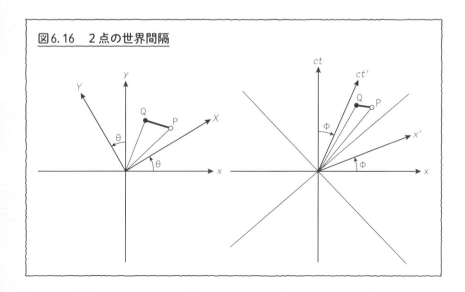

図6.16　2点の世界間隔

どちらから変形してもいいので、今度は、

$$s^2 = (ct'_P - ct'_Q)^2 - (x'_P - x'_Q)^2$$

の式に、ローレンツ変換の正変換を代入していこう。

繰り返しになるが、ローレンツ変換の正変換は、以下のとおりである。

$$t' = \gamma\left(t - \frac{v}{c^2}x\right)$$

$$x' = \gamma(x - vt)$$

両辺に c を掛ける。

$$ct' = \gamma\left(ct - \frac{v}{c}x\right)$$

$$x' = \gamma(x - vt)$$

簡略化のため、$\beta = v/c$ と置くと、

$$ct' = \gamma(ct - \beta x)$$
$$x' = \gamma(x - \beta ct)$$

と変形できる。点 P と点 Q を表す添え字に注意しながら、上記の世界間隔
の式の右辺へ入れていってみよう。

$$
\begin{aligned}
s^2 &= (ct'_P - ct'_Q)^2 - (x'_P - x'_Q)^2 \\
&= [\gamma(ct_P - \beta x_P) - \gamma(ct_Q - \beta x_Q)]^2 - [\gamma(x_P - \beta ct_P) \\
&\quad - \gamma(x_Q - \beta ct_Q)]^2 \\
&= \gamma^2[(ct_P - ct_Q) - \beta(x_P - x_Q)]^2 - \gamma^2[(x_P - x_Q) \\
&\quad - \beta(ct_P - ct_Q)]^2 \\
&= \gamma^2[(ct_P - ct_Q)^2 - 2\beta(ct_P - ct_Q)(x_P - x_Q) + \beta^2(x_P - \\
&\quad x_Q)^2] \\
&\quad - \gamma^2[(x_P - x_Q)^2 - 2\beta(x_P - x_Q)(ct_P - ct_Q) \\
&\quad + \beta^2(ct_P - ct_Q)^2]
\end{aligned}
$$

$$= \gamma^2 [(ct_P - ct_Q)^2 + \beta^2 (x_P - x_Q)^2 - (x_P - x_Q)^2$$
$$- \beta^2 (ct_P - ct_Q)^2]$$
$$= \gamma^2 [(1 - \beta^2)(ct_P - ct_Q)^2 - (1 - \beta^2)(x_P - x_Q)^2]$$

ここでふたたび、β と γ の間の関係式：

$$\gamma^2 (1 - \beta^2) = 1$$

を使うと、上の s^2 の最後の行は、

$$s^2 = \gamma^2 [(1 - \beta^2)(ct_P - ct_Q)^2 - (1 - \beta^2)(x_P - x_Q)^2]$$
$$= (ct_P - ct_Q)^2 - (x_P - x_Q)^2$$

と整理できる。途中の中間式は膨れあがって長くなったのにも関わらず、コツコツと相対論の変換を行っていくと、最後は非常に簡潔な式にまとまるのを目の当たりにしていただけただろうか。

　以上のように、ローレンツ変換に対して、一般の世界間隔 s^2 もたしかに不変量である。

 問題㊸

$$s^2 = (ct_P - ct_Q)^2 - (x_P - x_Q)^2$$
の式に、ローレンツ変換の逆変換を代入して、不変性を証明してみよ。

解答 ㊸ -

　今度も繰り返しになるが、ローレンツ変換の逆変換は、以下のとおりである。

$$t = \gamma\left(t' + \frac{v}{c^2}x'\right)$$

$$x = \gamma(x' + vt')$$

上の式の両辺に c を掛ける。

$$ct = \gamma\left(ct' + \frac{v}{c}x'\right)$$

$$x = \gamma(x' + vt')$$

簡略のため、$\beta = v/c$ と置くと、

$$ct = \gamma(ct' + \beta x')$$

$$x = \gamma(x' + vt')$$

と変形できた。この式を右辺に代入して展開していく。

$$
\begin{aligned}
s^2 &= (ct_P - ct_Q)^2 - (x_P - x_Q)^2 \\
&= [\gamma(ct'_P + \beta x'_P) - \gamma(ct'_Q + \beta x'_Q)]^2 - [\gamma(x'_P + \beta ct'_P) \\
&\quad - \gamma(x'_Q + \beta ct'_Q)]^2 \\
&= \gamma^2[(ct'_P - ct'_Q) + \beta(x'_P - x'_Q)]^2 - \gamma^2[(x'_P - x'_Q) \\
&\quad + \beta(ct'_P - ct'_Q)]^2 \\
&= \gamma^2[(ct'_P - ct'_Q)^2 + 2\beta(ct'_P - ct'_Q)(x'_P - x'_Q) \\
&\quad + \beta^2(x'_P - x'_Q)^2] \\
&\quad - \gamma^2[(x'_P - x'_Q)^2 + 2\beta(x'_P - x'_Q)(ct'_P - ct'_Q) \\
&\quad + \beta^2(ct'_P - ct'_Q)^2] \\
&= \gamma^2[(ct'_P - ct'_Q)^2 + \beta^2(x'_P - x'_Q)^2 - (x'_P - x'_Q)^2 \\
&\quad - \beta^2(ct'_P - ct'_Q)^2] \\
&= \gamma^2[(1 - \beta^2)(ct'_P - ct'_Q)^2 - (1 - \beta^2)(x'_P - x'_Q)^2]
\end{aligned}
$$

　ここでふたたび、β と γ の間の関係式:

$$\gamma^2(1 - \beta^2) = 1$$

を使うと、上の s^2 の最後の行は、

$$s^2 = \gamma^2[(1-\beta^2)(ct'_P - ct'_Q)^2 - (1-\beta^2)(x'_P - x'_Q)^2]$$
$$= (ct'_P - ct'_Q)^2 - (x'_P - x'_Q)^2$$

と整理できる。やはり途中の中間式は膨れあがって長くなったが、最後は非常に簡潔な式にまとまって、不変性が証明できた。

問題㊹

　時間だけ $(ct_P - ct_Q)$ や空間だけ $(x_P - x_Q)$ では不変量にならないことを示せ。

不変量3　微小間隔

　2D 空間において、点 P と点 Q の距離が非常に近く微小な場合（空間線素）でもピタゴラスの定理

$$d\ell^2 = dx^2 + dy^2 = dX^2 + dY^2$$

は成り立つので、空間線素 $d\ell$ も不変量だった。z 軸まで含めると、

$$d\ell^2 = dx^2 + dy^2 + dz^2 = dX^2 + dY^2 + dZ^2$$

が不変量となる。

　同じく、2D 時空において、**時空線素**

$$ds^2 = (cdt)^2 - dx^2$$

は相対論的不変量となる。y 軸や z 軸まで含めると、

$$ds^2 = (cdt)^2 - dx^2 - dy^2 - dz^2$$
$$= (cdt')^2 - (dx')^2 - (dy')^2 - (dz')^2$$

が相対論的不変量である。

まず時間の差の2乗

$$(ct_{\mathrm{P}} - ct_{\mathrm{Q}})^2$$

がどうなるか調べてみよう。上の式へローレンツ変換の逆変換を変形した、

$$ct = \gamma(ct' + \beta x')$$
$$x = \gamma(x' + vt')$$

の上の式を代入してみる。

$$(ct_{\mathrm{P}} - ct_{\mathrm{Q}})^2 = \gamma^2[(ct'_{\mathrm{P}} + \beta x'_{\mathrm{P}})^2 - (ct'_{\mathrm{Q}} + \beta x'_{\mathrm{Q}})^2]$$
$$= [\gamma(ct'_{\mathrm{P}} + \beta x'_{\mathrm{P}}) - \gamma(ct'_{\mathrm{Q}} + \beta x'_{\mathrm{Q}})]^2$$
$$= \gamma^2[(ct'_{\mathrm{P}} - ct'_{\mathrm{Q}}) + \beta(x'_{\mathrm{P}} - x'_{\mathrm{Q}})]^2$$
$$= \gamma^2[(ct'_{\mathrm{P}} - ct'_{\mathrm{Q}}) + 2\beta(ct'_{\mathrm{P}} - ct'_{\mathrm{Q}})(x'_{\mathrm{P}} - x'_{\mathrm{Q}})$$
$$+ \beta^2(x'_{\mathrm{P}} - x'_{\mathrm{Q}})^2]$$

となるが、ぐちゃぐちゃで、全然ダメである。
同じく空間の差の2乗

$$(x_{\mathrm{P}} - x_{\mathrm{Q}})^2$$

についても、

$$(x_{\mathrm{P}} - x_{\mathrm{Q}})^2$$
$$= [\gamma(x'_{\mathrm{P}} + \beta ct'_{\mathrm{P}}) - \gamma(x'_{\mathrm{Q}} + \beta ct'_{\mathrm{Q}})]^2$$
$$= \gamma^2[(x'_{\mathrm{P}} - x'_{\mathrm{Q}}) + \beta(ct'_{\mathrm{P}} - ct'_{\mathrm{Q}})]^2$$
$$= \gamma^2[(x'_{\mathrm{P}} - x'_{\mathrm{Q}})^2 + 2\beta(x'_{\mathrm{P}} - x'_{\mathrm{Q}})(ct'_{\mathrm{P}} - ct'_{\mathrm{Q}})$$
$$+ \beta^2(ct'_{\mathrm{P}} - ct'_{\mathrm{Q}})^2]$$

となり、まったくまとまらない。ダメダメである。
時間と空間を一体物として扱わなければならないのだ。

4 時空図での時間の遅れと同時の相対性

時空図を使うと、不変量以外にもいろいろな相対論的現象を幾何学的に表現することができる。第4章で考えた時間の遅れや空間の短縮、同じく、同時の相対性などを時空図で表現してみよう。

◎時空図上で見た時間の遅れと空間の短縮

亜光速で運動している系では、時間が遅れて見えたり、空間が縮んだりした。これらの現象をミンコフスキー時空で表現してみよう。やはり話を簡単にするために、2次元時空の図式で考える。

まず、これまでの話を簡単にまとめておく。

ピタゴラスの定理が足し算になっている2次元空間では、原点からの距離 s が一定になる点Pの軌跡は円だが、ピタゴラスの定理が引き算になっている2次元時空では、原点からの時空距離 s が一定になる事象Pの軌跡は双曲線であった。時空図における見かけの長さだけを見ると変な感じがするが、すでに証明したように、双曲線上のどの事象も原点からの世界間隔は同じである。

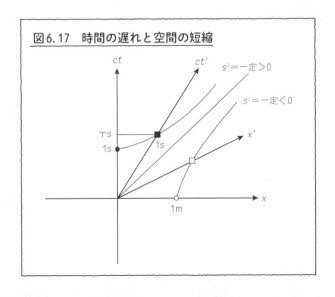

図6.17 時間の遅れと空間の短縮

また、静止系が直角座標で表されている時空図の上では、x の正の方向へ運動している運動系の座標は、右側の光円錐に向かって傾いていく斜行座標となった。逆に、運動系が直角座標で表されている時空図の上では、静止系は x' 軸の負の方向へ運動していることになり、静止系の座標は、右側の光円錐か離れるように傾いていく斜行座標となった。

2では、このような座標系の変化は示してきたが、いまのいままで、座標系の目盛りについては触れてこなかった。しかし、3で導いた、世界間隔が一定である双曲線を用いると、座標系の格子線などに目盛りを刻むことが可能になる。

2D 時空における静止系座標 (x, ct) と運動系座標 (x', ct') と座標軸の目盛り。時間軸 ct の上の黒丸●が静止系の1秒だとすると、時間軸 ct' の上の黒四角■が運動系の1秒になる。図から運動系の1秒は静止系では1秒より長いことがわかる。同様に、空間軸 x の白丸○が静止系の1mとすると、空間軸 x' の白四角□が運動系の1mになる。

(1) 時間の遅れの時空幾何学的説明

たとえば、時間座標については、静止系の時間軸で1秒のところ（●）を通る双曲線が、運動系の時間軸と交わる点（■）が運動系の時間軸で1秒の点（■）になる。これはそれぞれの系での空間座標が0であることからわかるだろう。さらに運動系の1秒の点（■）は、静止系の時間軸 ct' では静止系の1秒の点（●）よりも上（未来）に位置することから、静止系の1秒よりも長いことがわかる。

以上のことを式でも導いてみよう。

使う式1：原点との時空距離（世界間隔）が一定

$$s^2 = (ct)^2 - x^2 = (ct')^2 - (x')^2$$

使う式2：運動系の空間座標 x' が一定の格子線

$$ct = \frac{1}{\beta} x - \frac{1}{\gamma \beta} x'$$

まず双曲線：

$$s^2 = (ct)^2 - x^2 > 0$$

が時間軸を横切る点（●）の静止系で測った時間 t は、$x = 0$ なので、

$$ct = s$$

である。

　仮に $s = c$ の場合は、$t = 1$〔秒〕である。

　一方、s が一定の双曲線と運動系の時間軸の交点（■）は、双曲線の式：

$$s^2 = (ct)^2 - x^2$$

と、運動系の格子線で $x' = 0$ と置いた式：

$$ct = \frac{1}{\beta}x$$

を連立させて、上の式に下の式から x を代入すると、

$$s^2 = (ct)^2 - (\beta ct)^2 = (1 - \beta^2)(ct)^2$$

となるが、何度か出てきたように、$1 - \beta^2 = 1/\gamma^2$ だから、

$$s^2 = (ct)^2 - (\beta ct)^2 = (1 - \beta^2)(ct)^2 = \frac{1}{\gamma^2}(ct)^2$$
$$(ct)^2 = \gamma^2 s^2$$
$$ct = \gamma s$$

となる。たしかに、交点（■）の静止系時間座標は γ 倍だけ長い。

　あるいは、仮に $s = c$ の場合は、$t = \gamma$（秒）である。

(2) 空間の短縮の時空幾何学的説明

　空間座標についても同様で、静止系の空間軸で1mのところ（○）を通る双曲線が、運動系の空間軸と交わる点（□）が運動系の空間軸で1mの点（□）になる。したがって、静止系においた1mの長さのものさしを運動系から測定すると、1mよりも短くなる。

以上のことを式でも導いてみよう。

使う式1：原点との時空距離（世界間隔）が一定

$$s^2 = (ct)^2 - x^2 = (ct')^2 - (x')^2$$

使う式2：運動系の時間座標 t' が一定の格子線

$$ct = \beta x - \frac{1}{\gamma} ct'$$

まず双曲線：

$$s' = (ct)^2 - x^2 < 0$$

が空間軸を横切る点（〇）の静止系で測った座標 x は、$t = 0$ なので、

$$x = \sqrt{-s^2}$$

である。

仮に $\sqrt{-s^2} = 1$ の場合は、$x = 1\,\mathrm{m}$ である。

一方、s が一定の双曲線と運動系の空間軸の交点（□）は、双曲線の式：

$$s^2 = (ct)^2 - x^2$$

と、運動系の格子線で $t' = 0$ と置いた式：

$$ct = \beta x$$

を連立させて、上の式に下の式から ct を代入すると、

$$s^2 = (\beta x)^2 - x^2 = -(1 - \beta^2)x^2 = -\frac{1}{\gamma^2} x^2$$
$$x^2 = -\gamma^2 s^2$$
$$x = \gamma\sqrt{-s^2}$$

となる。たしかに、交点（□）の静止系空間座標は γ 倍だけ長い。逆に、運動系からみると、$1/\gamma$ に短縮されている。

第4章においては、時間の遅れや空間の短縮は、光時計を縦に置いたり横に寝かしたりして説明した。時空図で眺めてみれば、時間の遅れと空間の短縮は、光円錐に対して、まったく対称な幾何学的状況であることがわかる。時間と空間は、光円錐を対称面として、まったく同格なのである。

◎時空図上でみた同時の相対性

特殊相対論によって時間と空間が相対的なものになって以来、ものごとの同時性という概念も相対的なものとなった（第4章）。従来の「常識」では、ある場所で事象P（たとえばウィンクをする）が起こり、別の場所で事象Q（たとえばアカンベーをする）が起こったとき、それらを「同時」に観測すれば、誰にとっても同時な事件だと考えていた。しかしそうではないのだ。

では、「同時」という現象を、改めて、ミンコフスキーダイアグラム（図6.18）を使って考えてみよう。

地球を原点とし、x 軸の負の方向に1光年離れて観測基地Aが、正の方向に1光年離れて観測基地Bがあるとする。観測基地AとBは地球に対して相対的に静止しているとする。したがって、地球を静止系の原点とする時空図の上では、地球とAとBの世界線は鉛直の直線で表される。

さて、観測基地AとBのそれぞれから、1月1日の午前0時0分0秒に、地球に向けてデータを送信したとしよう。電波は光速で伝わり、地球ではちょうど1年後に、AとBからの電波を「同時」に受信するだろう。そして、AとBは地球から同じ距離にあるのだから、地球では、AとBで電波を発信したのも（1年前の）「同じとき」だったと判断するはずだ。もしAからの信号の受信がBからのものより遅ければ、発信も「同時」ではなくAが遅かったのだと考えるだろう。

もっとも、この話では、観測基地AとBとで時計が合っていないといけない。そこで、もう少し厳密にするためには、もう一段階付け足して、時計の時間合わせまで含めて考える。すなわち、まず、地球から観測基地AとBの両方に向けて同期信号を送り、1年後にAとBに同期信号が到着して、この信号でAとBの時刻合わせをしておく。そしてAとBは、

受け取った瞬間に地球に向けてデータを送信する。

　ここまでは光速度が有限だという点に注意しつつも、ごく当たり前のことで、とくに問題はないように思えるだろう。

図6.18　同時の相対性

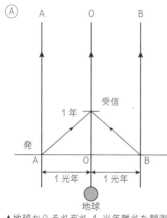

▲地球からそれぞれ 1 光年離れた観測基地 A・B から地球に向けて送信したデータは、ちょうど1年後に「同時」に地球に達する。

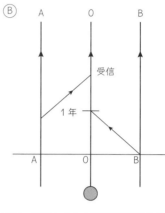

▲もし、基地 A からの信号の受信が B からのものより遅ければ、発信も「同時」ではなく A が遅れたものと考えられる。

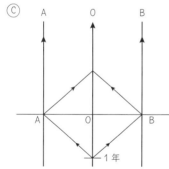

▲時計の時間合わせのため、まず地球から A・B の両方の基地に向けて同期信号を送り、1年後に A と B に同期信号が到着する。これで時刻合わせをした上で、信号を受け取った瞬間に地球に向けてデータを送信する。

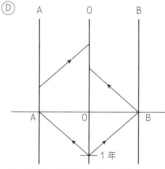

▲左と同様に時刻合わせをした上で、なおかつ A からの信号の受信が遅れたとすれば、A と B からの信号は、やはり「同時」ではない。

つぎに、地球と観測基地 A および B に加え、地球から観測基地 B へ向け、光速の 6 割の速度で宇宙船 S が飛んでいるとする（図6.19）。

地球から A と B に向けて同期信号を発射したときに、高速宇宙船もすでに0.6光速の巡航速度に達しており、さらに地球のそばにいて、地球からの同期信号を受けたとする。すなわち宇宙船の時計も地球時間と時刻合わせがなされた状態だ。

その後、地球では、地球からの同期信号を受けて A が折り返し送信した

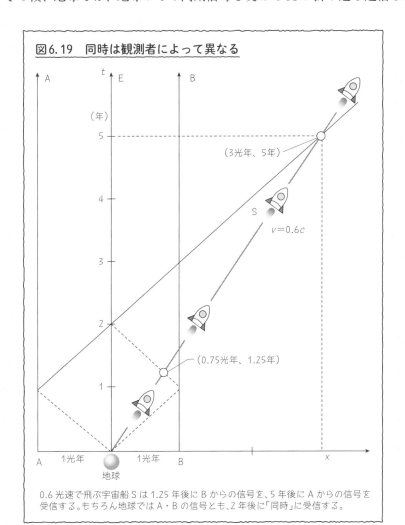

図6.19　同時は観測者によって異なる

A　　　　　t　E　　　　　B

（年）

5　　　　　　　　　　　　　　　　　　　　　○
　　　　　　（3光年、5年）

4　　　　　　　　　　S

　　　　　　　　　　　$v=0.6c$

3

2

　　　　　　　　　　（0.75光年、1.25年）

1

A　1光年　　　　1光年　B　　　　　　　　　　　x
　　　　　地球

0.6光速で飛ぶ宇宙船 S は 1.25 年後に B からの信号を、5 年後に A からの信号を受信する。もちろん地球では A・B の信号とも、2 年後に「同時」に受信する。

データと、同じく B のデータを「同時」に受信する。

　ところが、すぐにわかるように、地球からの同期信号や観測基地からのデータ送信電波が、宇宙空間を光速度で一所懸命走っている間に、高速宇宙船 S は B に向けてかなり動いている。そのため、A からの折り返し信号の方が B からのものより長い距離走ることになり、宇宙船では、A からの信号より B からの信号の方を「早く」受信することになる。

　具体的には、地球時間で計って、地球でデータを受信するのは 2 年後だが、0.6 光速で飛んでいる宇宙船 S では、1.25 年後に B からのデータを、5 年後に A からのデータを受信することになる。

　上記の数値を「図形的」に解いてみよう。すなわち、x-y($y = ct$) 平面でのグラフとして扱ってみる。ただし、$y = ct$ とみなす。

　まず準備例として、ミンコフスキーダイアグラムにおいて、原点から発した光線のグラフは、右向きと左向きそれぞれで、

$$ct = x$$
$$ct = -x$$

となる。同様に、原点を通って右向きの速度 v で飛ぶ宇宙船のグラフは、

$$vt = x$$

である。いまの場合、宇宙船の速度は $0.6\,c$ なので、

$$0.6\,ct = x$$

が宇宙船のグラフである。書き換えると、

$$ct = (1/0.6)x = (5/3)x \cdots\cdots\cdots ①$$

と表せる。

　一方、1 年後に B 基地から発した A 基地向けの光線は、

$$ct = -x + 2 \cdots\cdots\cdots ②$$

である。①と②を連立させると、交点の (x, ct) 座標は、

220

$$(0.75, 1.25)$$

となり、1.25年が出てくる。

　さらに、1年後にA基地から発したB基地向けの光線は、

$$ct = x + 2 \cdots\cdots\cdots ③$$

である。①と③を連立させると、交点の (x, ct) 座標は、

$$(3, 5)$$

となり、5年が出てくる。

　なお、これらは地球時間で求めているが、船内時間で求めても値は違うが同時にならないのは図6.19から明らかだろう。

　地球にとっては「同時」に起こったように見える現象も、高速で航行する宇宙船にとっては「同時」ではなくなるのだ！　あるいはその逆も言えて、亜光速宇宙船にとっては「同時」に見える現象は、地球では「同時」ではないこともある。この同時刻の相対性は、光速が有限であり、かつ誰から見ても光速度が同じだからこそ起こる現象だ。

◎ウラシマ効果で歳を取らない（双子のパラドクス）

　地球から見たとき、亜光速で航行する宇宙船の時計は地球の時計よりゆっくり進む。これは実験的にも実証された事実だ。同じように、宇宙船から地球を観測すれば、地球の時計はゆっくり進む。これも正しい言明だ。ここに双子のパラドクス、別名、ウラシマ効果が生じる。

　双子の姉妹、静子と翔子を思い浮かべてほしい。翔子は亜光速の宇宙船に乗って宇宙の彼方まで探検旅行に行くが、その間、静子は地球に残っていたとする。

　静子から見て翔子は高速運動していたので、時間がゆっくり進み、したがって何年か後に翔子が地球に戻ってきたときは、動いていた翔子の方が若いままだろう。一方、運動は相対的なものなので、宇宙船から観測すれば地球が往復運動したと考えてもいいはずだ。すなわち宇宙船に乗ってい

る翔子から見たときには、静子の時間の方が遅いように見えるにちがいない。だから若いのは静子の方だろう。

　いったい静子と翔子と歳をとらないのはどちらなのか？　これが有名な**双子のパラドックス／ウラシマ効果**[7]だ。

　この話がパラドクスになってしまうのは、「地球と宇宙船が同等な慣性系だ」と考えてしまう点にある。たしかに、宇宙船が一定の巡航速度で飛んでいる間は、地球と宇宙船とは、お互いにまったく同等な慣性系だ。そしてそのときは、どちらから見ても、相手の時計が遅れているように見える。

　しかし、目的地で宇宙船が向きを変えるときには、必ず減速や加速という段階を伴わなければならない。地球から出発するときや、地球に帰還するときにも、加速と減速がある。この加速（減速）段階では、宇宙船には力が働くので、宇宙船は地球と同等な慣性系ではなくなっている。

　この加速減速効果を考えると、歳を取らないのは、やはり動いていた翔子の方なのだ。

　では、図6.20の上で、静子と翔子の世界線を追ってみよう。

7　もちろん「ウラシマ」効果は日本で命名されたものだ。命名したのは、SF 同人誌『宇宙塵』主宰者の柴野拓美氏だといわれている。

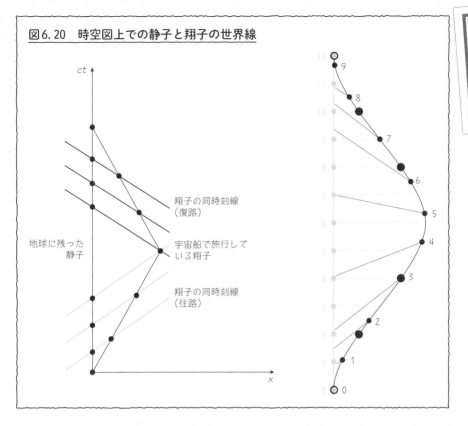

図6.20 時空図上での静子と翔子の世界線

　まず地球に残った静子の時空図上で、静子自身の世界線は、x 軸の原点を通る時間軸そのものであった。そして、静子の同時刻線は、x 軸に平行な直線群であった。

　一方、静子の時空図上で、翔子の世界線は、おおまかにいえば、往路は右上がりの直線で、目的地で折り返した後の復路は左上がりの直線となる。そしてここが大事なところだが、ローレンツ変換の格子線を見返してもらうとわかるように、翔子の同時刻線は往路では右上がりに傾いた直線群となり、世界線の向きが反転する復路では左上がりに傾いた直線群となる。

　そして、翔子が目的地で加減速して折り返すとき、翔子の時間はほとんど進まないが、地球では一気に時間が進むことがわかる。

　いまの話は折り返し点で急な加減速をした場合だが、徐々に加減速して

も話は変わらない。

最後に少し具体的に数値をあたってみよう。

たとえば、4.3光年先のケンタウルス座 α 星まで加速度1G、すなわち地上の重力加速度と同じ加速度で往復してきた場合、地球では11.8年経つが、宇宙船内では7.1年しか経過しない。このときの時差は4.7年ほどになる。さらに、25光年先のヴェガへの往復では、船内時間で12.9年しかかからないのに、地球ではなんと53.7年も経ってしまう。時差は約41年だ。もっと遠い天体へ行ってきたときには、船内時間と地球時間の差はどんどん大きくなるだろう。亜光速宇宙船を使えば、未来への一方通行の旅だが、タイムトラベルができる。

そして、宇宙船が非常に遠くの天体へ往復したときには、宇宙船の中では10年ぐらいしか時間が経っていなくても、地球では何百年何千年と経ってしまっているだろう。生まれ育った村も町もなく、文化も言葉もすべて変化しているかもしれない。…ちょうど竜宮城から浦島太郎が戻ったときのように。

亜光速宇宙船で宇宙旅行をしてきた「星からの帰還者」翔子が出会う悲劇的な状況。それがウラシマ効果なのだ。

図6.21 船内時間と地球時間の違い（加速は1Gで、目的地を通り過ぎるフライバイ飛行の場合）		
船内時間 τ	地球時間 t	到達距離 r
1年	1.2年	0.6光年
2年	3.7年	2.9光年
3年	10.6年	9.7光年
5年	84.5年	82.7光年
10年	約1万5千年	約1万5千光年
20年	約4億5千万年	約4億5千万光年

第7章

ドップラー効果と
光行差（光の変換）

本章の概要

　前章まで、物理量としての時空や、時空と速度の変換、そして時空の幾何学的な表現について詳しく述べてきた。前章までは主に光速度以下で動く物体の運動を扱ってきたが、本章では光速度で動く光そのものの運動や変換について、前章までの結果を援用しながら、導出していこう。

本章の流れ

　まず1で、運動する光源から到来する光の波長（振動数）が変化するドップラー効果について、特殊相対論的な効果も含め、導いておこう。
　つぎに2で、運動する光源から到来する光の方向が変わる光行差について、極座標での速度の変換をもとに導出する。これらは光の変換として基本的な性質だが、同時に、$E = mc^2$の証明にとっても、有用なツールとなる。

● この章に出てくる数式

赤方偏移の定義　$z \equiv \dfrac{\lambda}{\lambda_0} - 1$

赤方偏移　$1 + z = \dfrac{\lambda}{\lambda_0} = \gamma(1 + \beta\cos\theta) = \dfrac{1 + \beta\cos\theta}{\sqrt{1 - \dfrac{v^2}{c^2}}}$

ドップラー因子　$\delta \equiv \dfrac{1}{1+z} = \dfrac{\nu}{\nu_0} = \dfrac{1}{\gamma(1 - \beta\cos\theta)}$

$$= \dfrac{\sqrt{1 - \dfrac{v^2}{c^2}}}{1 - \dfrac{v}{c}\cos\theta}$$

光行差の関係式　$\cos\theta = \dfrac{\cos\theta' + \dfrac{v}{c}}{1 + \dfrac{v}{c}\cos\theta'}$

$$\sin\theta = \dfrac{\sin\theta'}{\gamma\left(1 + \dfrac{v}{c}\cos\theta'\right)}$$

$$\tan\theta = \dfrac{\sin\theta'}{\gamma\left(\cos\theta' + \dfrac{v}{c}\right)}$$

特殊相対性理論では、時間と空間が統一されると同時に、物質とエネルギー（光）も統一された。光は同時に物質世界を観測するためのもっとも基本的な手段だ。本章では、特殊相対性理論における光の振る舞いについて考えてみよう。

1　ドップラー効果

　速度が光速に近い領域では、1つには光速度が有限であるため、1つには相対論的効果のため、さまざまに不可思議な光学的性質を示す。言い換えれば、すべてが相対論のせいだというわけではない。まず比較的よく知られているドップラー効果からはじめよう。

図7.1　音のドップラー効果

◎音のドップラー効果

　日常の生活でもしばしば経験するが、救急車が近づいてくるときにはピーポー音のピッチが高くなり、遠ざかるときは低くなる。

　音源と観測者が相対的に静止していれば、音源から発した音の高さと観測者が受け取る音の高さは同じだ。しかし音源と観測者が近づくときは音の高さは高くなり（振動数は多くなり）、遠ざかるときは音の高さは低くなる（振動数は少なくなる）。

　これは音が波であるために起こる現象だ。すなわち、進行方向前方では音の波は圧縮されて一定時間内に届く波の数は多く（振動数は多く）なり、逆に進行方向後方では音の波が引き延ばされて波の数は少なく（振動数は少なく）なるために生じる。この現象を1842年に最初に研究したオースト

リアの物理学者クリスチャン・ドップラー（1803〜1853）にちなんで、**ドップラー効果**（Doppler effect）と呼ばれる。

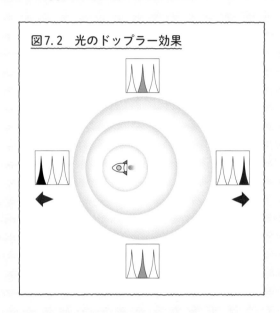

図7.2　光のドップラー効果

◎光のドップラー効果

　天体からやってくる光も波の一種なので、音のドップラー効果と似た現象が起こる。すなわち、光を出す天体（星やガス）が観測者（地球）から遠ざかるように運動しているときには、観測される波長がもとの波長より長くなり、逆に地球に近づくように運動しているときには、もとの波長より短くなる。

　観測される光の波長（振動数）が、光源と観測者の間の相対的な運動によって、実験室（静止系）で測定されるものとずれる現象を、**光のドップラー効果**と呼んでいる。

　なお、光の波長が長くなって（振動数は少なくなって）観測されたなら、色でいえば黄色の光が赤色の方に移動するので、**赤方偏移**（red shift）といい、波長が短くなって（振動数は多くなって）観測されたなら、**青方偏移**（blue shift）という。

◎特殊相対論的ドップラー効果の導出

　観測者に対する光源の速度が光速に近くなると、時間の遅れの効果もはたらいてくる。ここでは、**特殊相対論的ドップラー効果**（relativistic Doppler effect）について、波長（振動数）の偏移を導いてみよう。

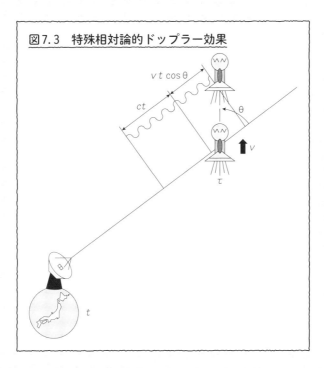

図7.3　特殊相対論的ドップラー効果

　図7.3のように、観測者から光源に向かって引いた直線から角度 θ の方向へ、速度 v で光源が運動しているとする。このとき、光源の速度の視線方向へ投影した成分 $v\cos\theta$ を**視線速度**（radial velocity）と呼ぶ[1]。視線速度は、光源が観測者から遠ざかる場合に正、近付く場合に負になるように決める約束である。

　さて光源が自分の固有時間で計って τ の間に n 個の光波を出したとしよう。光速を c とすると、波列の全体の長さは $c\tau$ である。その $c\tau$ の中に n 個の波がある。そこで、光源の静止系における波長 λ_0 は、

1　視線方向に垂直な成分 $v\sin\theta$ は接線速度と呼ぶ。

229

$$\lambda_0 = \frac{c\tau}{n} \cdots\cdots\cdots ①$$

となる。

一方、この光波を受け取る側で考えると、観測者の固有時間 t で見たとき、波が出る間に光源が速度 v で移動するために、波列の長さは $ct + vt\cos\theta$ となる。波の数は相対論的不変量なので変わらないから、結局、観測者が観測する光波の波長 λ は、図7.3も参考にして、

$$\lambda = \frac{ct + vt\cos\theta}{n} \cdots\cdots\cdots ②$$

となる。

ここで、観測される波長 λ ともとの波長 λ_0 の比から 1 を引いたものを**赤方偏移** z（red shift）と定義する[2]。

$$赤方偏移 \quad z \equiv \frac{\lambda}{\lambda_0} - 1$$

あるいは、書き換えると、

$$1 + z \equiv \frac{\lambda}{\lambda_0} \cdots\cdots\cdots ③$$

と表すこともできる。

ここに上の2式を入れて辺々割ると、

$$1 + z = \frac{\lambda}{\lambda_0} = \frac{ct + vt\cos\theta}{c\tau} = \frac{t}{\tau}\left(1 + \frac{v}{c}\cos\theta\right) \cdots\cdots\cdots ④$$

となる。この式は、t/τ を別にすれば、光の速度が有限であるということから導かれたもので、普通の音のドップラー効果と同じである。

さらに特殊相対論において、観測者（静止系）の固有時間 t と、光源（運動系）の固有時間 τ がローレンツ因子 γ だけ違うこと（$t = \gamma\tau$）を考慮し、最終的に、

2　光源が遠ざかっていて波長が伸びる場合は赤方偏移 z は正になり、光源が近づいていて波長が短くなる場合は負となる。

$$\frac{t}{\tau} = \gamma = \frac{1}{\sqrt{1 - \frac{v^2}{c^2}}}$$

を④に代入して、

$$1 + z = \frac{\lambda}{\lambda_0} = \gamma\left(1 + \frac{v}{c}\cos\theta\right) = \frac{1 + \frac{v}{c}\cos\theta}{\sqrt{1 - \frac{v^2}{c^2}}}$$

が得られる。

　簡単のために、$\beta \equiv v/c$ と置いて光速度を単位とした速度を定義すれば、

$$1 + z = \frac{\lambda}{\lambda_0} = \gamma(1 + \beta\cos\theta) = \frac{1 + \beta\cos\theta}{\sqrt{1 - \beta^2}}$$

のように、見かけ上、多少簡単な形に表すこともできる。

問 題㊼

　光源が観測者から反対方向（$\theta = 0$）に動いていれば、上の式はどうなるか。

問 題㊽

　光源が観測者の方向（$\theta = \pi$）に動いていれば、上の式はどうなるか。

解答㊼

$$1 + z = \gamma(1 + \beta) = \frac{1 + \beta}{\sqrt{1 - \beta^2}} = \sqrt{\frac{(1 + \beta)^2}{(1 - \beta)(1 + \beta)}} = \sqrt{\frac{1 + \beta}{1 - \beta}} \geq 1$$

となり、$1 + z \geqq 1$なので、$z \geqq 0$であり、波長が伸びる赤方偏移に
なっている。

解答㊽

$$1 + z = \gamma(1 - \beta) = \frac{1 - \beta}{\sqrt{1 - \beta^2}} = \sqrt{\frac{(1 - \beta)^2}{(1 - \beta)(1 + \beta)}} = \sqrt{\frac{1 - \beta}{1 + \beta}} \leq 1$$

となり、$1 + z \leqq 1$なので、$z \leqq 0$であり、波長が短くなる青方偏移に
なっている。

問題㊾

　光源が視線方向と直角方向（$\theta = \pi/2$）に動いていれば、
どうなるか。

解答㊾

$$1 + z = \gamma \geq 1$$

となり、ローレンツ因子 γ は1より大きいので、波長が伸びる赤方偏移となっている。

　非相対論的なドップラー効果では、光源が観測者の視線方向と直角な方向に動いている場合、観測者に対する視線速度成分は0なので、ドップラー効果は起こらない。しかし相対論的ドップラー効果では、時間の遅れのローレンツ因子 γ があるため、直角方向に動いている場合でもドップラー効果によって光の波長が伸びる。これをとくに横ドップラー効果[3]と呼んでいる。

◎光子のエネルギーの変化はどうなるか

　ここまでは、光の波長の伸びを表す量として、赤方偏移を考えてきた。一方、光子のエネルギーの変化が知りたいことも多い。以下では、その場合の式を導いておこう。

　赤方偏移のところでは、後退速度の定義から光源が遠ざかるときに視線速度を正としたが、光源が近づくときに速度を正と定義した方が都合がよいことも多い。そこでまずいったん、速度の符号を v を $-v$ で置き換えて、赤方偏移の式を書き直す。

$$1 + z = \frac{\lambda}{\lambda_0} = \frac{\nu_0}{\nu} = \gamma\left(1 - \frac{v}{c}\cos\theta\right) = \frac{1 - \frac{v}{c}\cos\theta}{\sqrt{1 - \frac{v^2}{c^2}}}$$

あるいは、

$$1 + z = \frac{\lambda}{\lambda_0} = \frac{\nu_0}{\nu} = \gamma(1 - \beta\cos\theta) = \frac{1 - \beta\cos\theta}{\sqrt{1 - \beta^2}}$$

　ここで、$\theta = 0$ は観測者の方向である。

3　横ドップラー効果に対して、通常のドップラー効果を縦ドップラー効果と呼ぶことがある。

第7章

さて、光子のエネルギー E は振動数 ν（ニュー）に比例する（波長 λ に反比例する）[4]。

$$E = h\nu$$

ここで比例定数 h はプランク定数と呼ばれている。

そこで、最初の光子のエネルギー $h\nu_0$ と観測される光子のエネルギー $h\nu$ の比を**ドップラー因子** δ（Doppler factor）[5]として定義すると、

$$\delta \equiv \frac{h\nu}{h\nu_0} = \frac{\nu}{\nu_0}$$

となるが、これはちょうど上の $1+z$ の式の逆数になっていることがわかる。したがって、

$$\delta \equiv \frac{\nu}{\nu_0} = \frac{1}{1+z} = \frac{1}{\gamma(1-\beta\cos\theta)} = \frac{\sqrt{1-\beta^2}}{1-\beta\cos\theta}$$

$$= \frac{\sqrt{1-\dfrac{v^2}{c^2}}}{1-\dfrac{v}{c}\cos\theta}$$

のようにドップラー因子を表すことができる。

繰り返しておくと、先の赤方偏移が光の波長の伸びを表す量であるのに対し、このドップラー因子は光（光子）のエネルギーの増加の割合を示す量になっている。

問題⑩ -

　光源が観測者の方向と垂直方向（$\theta = \pi/2$）に動いていれば、ドップラー因子はどうなるか。

4　序章で触れたが、波長（wave length）は長さ（length）の頭文字 ℓ に相当するギリシャ文字 λ（ラムダ）で表す。また振動数（frequency）は、f で表すこともあるが、ここでは、数（number）の頭文字 n に相当するギリシャ文字 ν（ニュー）で表す。

5　ドップラー因子は、d に相当するギリシャ文字の δ（デルタ）で表す。

解答㊿

$$\delta = 1/\gamma \leq 1$$

波長が伸びる一方、エネルギーは減少する。

いろいろな角度 θ に対し、速度 v の関数としてドップラー因子 δ をグラフに描いてみよう。またいろいろな速度 v に対し、角度 θ の関数として描いてみよう。

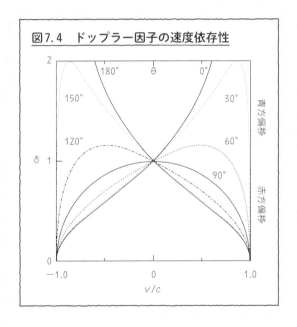

図7.4　ドップラー因子の速度依存性

まず、いろいろな角度 θ を与えたとき、速度 v の関数としてドップラー因子 δ を描いたグラフを見てみよう。速度が正の範囲と負の範囲は対称なので、正の範囲だけで考える。

角度の定義を変えたので、$\theta = 180°$ が光源が観測者から反対方向に遠ざかっている場合で、速度が大きくなるほど赤方偏移も大きくなり、逆に、ドップラー因子は小さくなる（光子のエネルギーは小さくなっている）。θ

＝ 150° や 120° の場合も同様である。

　そして $\theta = 90°$ の場合、先にも述べた横ドップラー効果で、やはり速度が大きくなると赤方偏移が大きくなる。

　さらに θ が 90° より小さな場合（光源が観測者よりに近づく場合）、たとえば、$\theta = 30°$ だと、速度が小さい間は、期待通り青方偏移になって、光子のエネルギーも大きい。しかし、速度が光速に近づくと、急激に δ の値は減少し、ついには 1 より小さくなる。これはローレンツ因子すなわち相対論的な時間の遅れが顕著になったためで、純粋に相対論的な効果である。

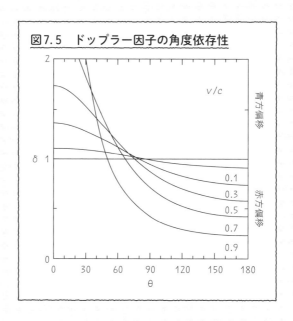

図 7.5　ドップラー因子の角度依存性

　つぎに、いろいろな速度 v を与えたとき、角度 θ の関数としてドップラー因子 δ を描いたグラフを見てみよう。角度の定義を変えたので、$\theta = 0°$ が光源が観測者方向に向かっている場合で、$\theta = 180°$ が光源が観測者から反対方向に遠ざかっている場合となる。速度が小さいとき、たとえば $v/c = 0.1$ だと、$\theta = 90°$ を境として、光源が手前に向かってくる場合（$\theta < 90°$）と、向こうへ遠ざかる場合（$\theta > 90°$）で、グラフはほぼ対称になっている。速度が小さいときはローレンツ因子はほぼ 1 で、非相対論的な縦ドップラー効果のみになっている。

速度が大きくなるにつれて手前方向と向こう方向の対称性はくずれて、赤方偏移を示す角度範囲は拡がっていき、光子のエネルギーが小さくなっていく。これもローレンツ因子すなわち相対論的な時間の遅れが顕著になるためで、純粋に相対論的な効果である。

第7章

2 光行差

亜光速で運動する物体の光学的性質で、ドップラー効果と並んで重要なものが光行差だ。光行差が起こる原因も、ドップラー効果と同じく、1つには光速度が有限であるためであり、1つには相対論的効果のためである。

◎雨の降ってくる方向

風のない日に雨がしとしと降っているとしよう。その雨の中で傘をさして立ち止まっているときは、傘は真上に向けておけばいい。しかし、傘をさして歩いたり走ったりすれば、濡れないようにするためには傘を前方に傾ける必要がある。

地上付近での雨滴の落下速度は、もちろん雨粒の大きさなどにもよるが、だいたい毎秒7mぐらいだと測定されている。一方、人が歩く速度は毎秒1mほどで、走る速度は毎秒数mから10mほどで雨滴の落下速度より大きいぐらいだ。

237

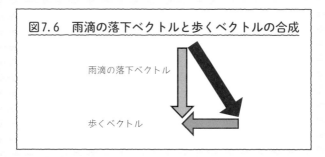

図7.6 雨滴の落下ベクトルと歩くベクトルの合成

雨滴の落下ベクトル

歩くベクトル

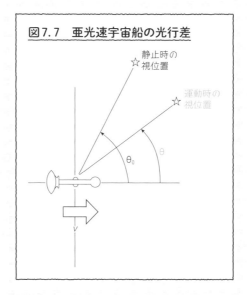

図7.7 亜光速宇宙船の光行差

静止時の
☆ 視位置

運動時の
☆ 視位置

θ_0

θ

v

　少し相対論的な言葉で表せば、静止系では、雨滴の落下は下向きで、歩く方向は横向きだ。しかし、歩いている人、すなわち運動系では、雨滴の落下方向は、静止系での落下ベクトルと歩くベクトル（の反対のベクトル）の和の方向になる。

◎光行差

　光でも同じようなことが起こる。

　たとえば、宇宙空間を高速で飛翔している宇宙船に乗っていると想像してみよう。ある方向に見える天体を観測したとき、光速が無限大なら天体の見える方向は常に同じ方向になる。しかし光速は非常に大きいとはいえ

有限なので、光の到来ベクトルは観測者の運動ベクトルの分だけずれてしまう。その結果、天体の見える方向は（本来の方向よりも）宇宙船の運動方向前方に少し移動してみえる。

　光の速度は有限なので、ある方向に進む光は、光速度という大きさと向きをもったベクトル量になる。そして光源と観測者の間に相対速度があると、雨滴の場合のように、光の進む方向が変化して見えることになる。これを光行差（aberration）と呼んでいる。

◎相対論的光行差の導出

　では、相対論的な光行差の式を導いてみよう。とはいっても、実のところ第5章ですでに導いてあると言っても過言ではない。第5章で導いた速度の変換の式（極座標表現）である。

　第5章の最後のところで導いた、速度の極座標成分の変換式を思い出してみよう。静止系で測った速度の極座標成分 (u, θ) ―速度の大きさ u と進行方向からの角度 θ―と、静止系に対して v で動いている運動系で測った速度の極座標成分 (u', θ') ―速度の大きさ u' と角度 θ'―の間の変換は、

$$u \cos \theta = \frac{u' \cos \theta' + v}{1 + \frac{v}{c^2} u' \cos \theta'}$$

$$u \sin \theta = \frac{u' \sin \theta'}{\gamma \left(1 + \frac{v}{c^2} u' \cos \theta' \right)}$$

という式であった。

　この変換で、それぞれの系で測った速度の大きさ u と u' は何の制限もない任意の状況で導いたものなので、光（光速）に対しても成り立つ。そして光の速さはどの系で測っても光速度 c になる（光速度不変の原理）。そこで、静止系と運動系で光を観測したとすると、静止系では光は光速度 c で進行方向から角度 θ の方向に進み、運動系では同じく光速度 c で角度 θ' の方向に進んでいることになる。

239

そして、その間の変換式は、上の速度の変換で、u にも u' にも光速度 c を入れて、

$$c\cos\theta = \frac{c\cos\theta' + v}{1 + \dfrac{v}{c^2}c\cos\theta'}$$

$$c\sin\theta = \frac{c\sin\theta'}{\gamma\left(1 + \dfrac{v}{c^2}c\cos\theta'\right)}$$

となり、全体を c で割って、最終的に、

$$\cos\theta = \frac{\cos\theta' + \dfrac{v}{c}}{1 + \dfrac{v}{c}\cos\theta'}$$

$$\sin\theta = \frac{\sin\theta'}{\gamma\left(1 + \dfrac{v}{c}\cos\theta'\right)}$$

が得られる。また、$\tan\theta = \sin\theta/\cos\theta$ であることから、上の式を代入して、

$$\tan\theta = \frac{\sin\theta'}{\gamma\left(\cos\theta' + \dfrac{v}{c}\right)}$$

という関係も得られる。

これらが光の変換式、すなわち光行差の式となる。

問 題 ㊿⑤

　速度 v が光速 c に比べて十分小さいとき、すなわち $\beta = v/c$ が小さいときはどうなるか。

まず、光行差の式で、v/c を β で置き換えると、

$$\cos\theta = \frac{\cos\theta' + \beta}{1 + \beta\cos\theta'} \cdots\cdots\cdots ⑤$$

$$\sin\theta = \frac{\sin\theta'}{\gamma(1 + \beta\cos\theta')} \cdots\cdots\cdots ⑥$$

$$\tan\theta = \frac{\sin\theta'}{\gamma(\cos\theta' + \beta)} \cdots\cdots\cdots ⑦$$

と表せる。

⑤は、分母分子に（$1 - \beta\cos\theta'$）を掛けて、

$$\cos\theta = \frac{\cos\theta' + \beta}{1 + \beta\cos\theta'} = \frac{(\cos\theta' + \beta)(1 - \beta\cos\theta')}{(1 + \beta\cos\theta')(1 - \beta\cos\theta')}$$

$$= \frac{\cos\theta' + \beta - \beta\cos^2\theta' - \beta^2\cos\theta'}{1 - \beta^2\cos^2\theta'}$$

となるが、β が十分小さければ、β^2 はさらに小さくて無視できるので[6]、

$$\cos\theta = \frac{\cos\theta' + \beta - \beta\cos^2\theta' - \beta^2\cos\theta'}{1 - \beta^2\cos^2\theta'}$$

$$\approx \cos\theta' + \beta(1 - \cos^2\theta') = \cos\theta' + \beta\sin^2\theta'$$

となる。第2項が光行差による補正項である。

⑥も、分母分子に（$1 - \beta\cos\theta'$）を掛けて、

$$\sin\theta = \frac{\sin\theta'}{\gamma(1 + \beta\cos\theta')} = \frac{\sin\theta'(1 - \beta\cos\theta')}{\gamma(1 + \beta\cos\theta')(1 - \beta\cos\theta')}$$

$$= \frac{\sin\theta' - \beta\sin\theta'\cos\theta'}{\gamma(1 - \beta^2\cos^2\theta')}$$

となるが、β が十分小さければ、β^2 はさらに小さくて無視でき、$\gamma =$

6 　たとえば、$\beta = 0.1$ のとき、$\beta^2 = 0.01$ となり、β^2 は β に比べてずっと小さい。

1と置けるので[7]、

$$\sin \theta = \frac{\sin \theta' - \beta \sin \theta' \cos \theta'}{\gamma(1 - \beta^2 \cos^2 \theta')} \approx \sin \theta' - \beta \sin \theta' \cos \theta'$$

となる。第2項が光行差による補正項である。

⑦は、分母分子に（$\cos \beta' - \beta$）を掛けて、

$$\tan \theta = \frac{\sin \theta'}{\gamma(\cos \theta' + \beta)} = \frac{\sin \theta'(\cos \theta' - \beta)}{\gamma(\cos \theta' + \beta)(\cos \theta' - \beta)}$$

$$= \frac{\sin \theta' \cos \theta' - \beta \sin \theta'}{\gamma(\cos^2 \theta' - \beta^2)}$$

となるが、βが十分小さければ、β^2はさらに小さくて無視でき、$\gamma = 1$とおけるので、

$$\tan \theta = \frac{\sin \theta' \cos \theta' - \beta \sin \theta'}{\gamma(\cos^2 \theta' - \beta^2)} \approx \frac{\sin \theta' \cos \theta' - \beta \sin \theta'}{\cos^2 \theta'}$$

$$= \tan \theta' - \beta \frac{\tan \theta'}{\cos^2 \theta'}$$

となる。第2項が光行差による補正項である。

問題 ㊾

　三角関数の公式：$\sin^2 \theta + \cos^2 \theta = 1$ に光行差の式を入れて変形し、右辺の2乗の和も1になることを確かめよ。

7　たとえば、$\beta = 0.1$のとき、$\beta^2 = 0.01$となり、β^2はβに比べてずっと小さい。また同じく、β^2は1に比べて十分小さい。したがって、ローレンツ因子$\gamma = 1/\sqrt{1 - \beta^2}$の$\beta^2$も落とすことができて、$\gamma = 1$と置いてよい。

解答⑤

βで置いた光行差の式の sin の式と cos の式を 2 乗すると、

$$\sin^2\theta = \frac{\sin^2\theta'}{\gamma^2(1+\beta\cos\theta')^2} = \frac{(1-\beta^2)\sin^2\theta'}{(1+\beta\cos\theta')^2}$$

と

$$\cos^2\theta = \frac{(\cos\theta'+\beta)^2}{(1+\beta\cos\theta')^2} = \frac{\cos^2\theta'+2\beta\cos\theta'+\beta^2}{(1+\beta\cos\theta')^2}$$

となる。ただし、$\gamma^2 = 1/(1-\beta^2)$ を用いた。これらを辺々足し合わせると、

$$\sin^2\theta + \cos^2\theta = \frac{(1-\beta^2)\sin^2\theta'}{(1+\beta\cos\theta')^2} + \frac{\cos^2\theta'+2\beta\cos\theta'+\beta^2}{(1+\beta\cos\theta')^2}$$

$$= \frac{\sin^2\theta' - \beta^2\sin^2\theta' + \cos^2\theta' + 2\beta\cos\theta' + \beta^2}{(1+\beta\cos\theta')^2}$$

$$= \frac{1 + 2\beta\cos\theta' + \beta^2\cos^2\theta'}{(1+\beta\cos\theta')^2} = 1$$

となる。

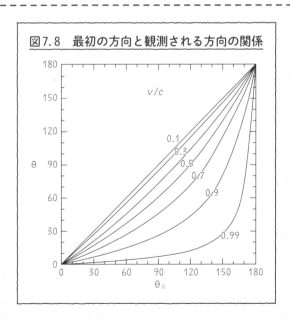

図7.8　最初の方向と観測される方向の関係

いろいろな速度 v に対し、角度 θ' と角度 θ の関係をグラフに描いてみよう。

光速で割った速度 β（$= v/c$）が非常に小さければ、もともとの光の到来角 θ' と観測される光の到来角 θ はほとんど同じである。しかし β が0.1を超えるあたりから、観測される到来角 θ は本来の到来角 θ' より少し小さくなることがわかる。すなわち、本来の方向よりも進行方向前方に寄って観測されるということになる。そして β が光速に近づくほど、θ はどんどん小さくなり、進行方向前方に集中することになる。

実際の星空の見え方の方がわかりやすいだろう（図7.10）。

宇宙船の速度が亜光速になると、天球上の星は光行差のため宇宙船の進行方向へ大移動し、さらにドップラー偏移のためスペクトルが変化する。したがって、宇宙船から見える星景色は進行方向前方へ集中していくはずだ[8]。

図7.10に示している星空は、オリオン座の方向を中心とした前方180°の視野である。一番上のものは、宇宙船が静止しているときの眺めだが、視野の中心にオリオン座の三つ星があり、その周囲にオリオン座の明るい星々が散らばっている。オリオン座の左下の一番明るく輝く白い星が、おおいぬ座 α 星のシリウスだ。また下方、スクリーンの下半分の中央あたりにある黄白色の明るい星は、りゅうこつ座 α 星のカノープスである。

以下、宇宙船の速度を光速の50％、90％、99％と上げていったときの船首方向の眺めである。オリオン座の3つ星やシリウスやカノープスなどを目印にしながら、個々の星の変化を見てほしい。宇宙船の速度が大きくなるにつれ、光行差によって星の見かけの位置がどんどん図の中心に移動しているのが見てとれるだろう。またドップラー偏移のためベテルギュースなどの色は変化する。星景色全体として見ると、速度が大きい場合にはなんとなく色のリングすなわち**星虹／スターボウ**（starbow）が見えてくるような気がしないでもない。

8　『スターウォーズ』のミレニアムファルコン号がワープするときのように、星々が後ろに流れ去っていくような眺めにはならないのである。もっとも映像的には流れ飛び去る方がダイナミックな臨場感はあるのだが。さらに言えば、星々が高密度に密集した領域ならば、ごく近くの星は後ろに流れ去っていくように見えるものもあるだろう。

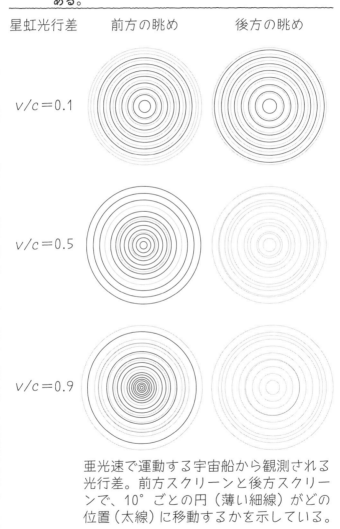

図7.9 亜光速で運動する宇宙船から観測される光行差。前
方スクリーンと後方スクリーンで、10°ごとの円（薄
い細線）がどの位置に移動するか（太線）を示して
ある。

星虹光行差　　前方の眺め　　　後方の眺め

v/c＝0.1

v/c＝0.5

v/c＝0.9

亜光速で運動する宇宙船から観測される
光行差。前方スクリーンと後方スクリー
ンで、10°ごとの円（薄い細線）がどの
位置（太線）に移動するかを示している。

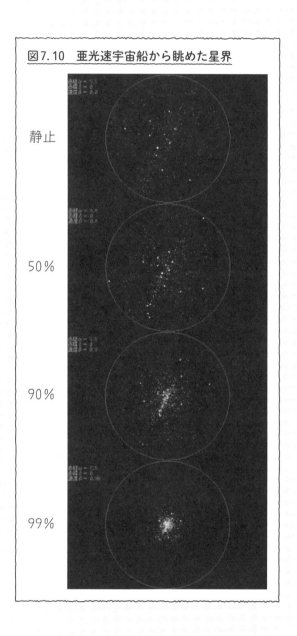

図7.10　亜光速宇宙船から眺めた星界

静止

50％

90％

99％

第8章

$E = mc^2$ の証明

本章の概要

　本書の目的は、おそらくは、もっとも有名な式である $E = mc^2$ を証明することで
あった。相対論の基本的な性質や、時空座標の幾何学的な取扱いなど、関連的な事柄
まで含め、すべての準備は整った。いよいよ本章では、前章までに導出した関係式な
どを使いながら、$E = mc^2$ の導出をしてみよう。

本章の流れ

　ここまでで十分に準備したので本章は短い。
　すなわち 1 で、粒子および光子のエネルギーと運動量について、簡単に述べる。
　つぎに 2 で、いわゆる思考実験を行いながら、いろいろな関係式や保存則を用いて、
$E = mc^2$ の導出を行う。

この章に出てくる数式

物体の運動エネルギー $\quad E = \dfrac{1}{2}mv^2$

物体の運動量 $\quad p = mv$

光子のエネルギー $\quad E = h\nu$

光子の運動量 $\quad p = \dfrac{E}{c}$

エネルギーと運動量の関係 $\quad p = \dfrac{E}{c}$

質量とエネルギーの等価性を表す式：$E = mc^2$の証明は、アインシュタイン自身が考案したものも含め、何種類もの方法がある。証明方法の基本的手法は、第4章や第5章で何度か出てきた、いわゆる思考実験（Gedankenexperiment）[1]である。ここでは、ぼくがもっともわかりやすい思考実験だと考えていて、課外講義[2]などでも証明する方法[3]を紹介しよう。その準備として、まず光子のエネルギーと運動量について述べておく。

1　粒子と光子のエネルギーと運動量

　質量を持った物体の運動に伴うエネルギーが運動エネルギーである（第3章）。具体的には、質量mの物体が速度vで運動しているとき、その運動に伴う運動エネルギーEは、

$$E = \frac{1}{2} mv^2$$

で表される。

　また、質量を持った物体の運動の勢い（衝撃）を表すものが運動量である（第3章）。具体的には、質量mの物体が速度vで運動しているとき、その運動に伴う運動量pは、

$$p = mv$$

で表される。

1　第二次世界大戦後、疲弊したヨーロッパに代わり、ほとんど被害のなかったアメリカが科学や技術の大国となった。その結果、現在では科学論文はほとんど英語で書かれるし、ノーベル賞受賞者もアメリカがダントツに多い。しかし、19世紀はもちろん、20世紀初頭の相対論や量子論など現代科学の勃興期も、科学研究の中心地はヨーロッパだった。当然、そのころの科学論文はドイツ語やフランス語で書かれることが多かった。その名残りで、思考実験（英語では thought experiment）もドイツ語で綴られることが多い。なお、Gedankenexperimen 自体は、エルンスト・マッハが最初に用いたそうだ。

2　筆者は教育系大学に勤務しているので、さすがに正規の講義で「相対論」は組めない。ただ、探求熱心な学生はいるので、毎年希望者には、空き時間や夏休みや春休みなどを使って、課外講義で「相対論」「流体力学」「輻射輸送と輻射流体」などを行っていたりする。

3　この方法もアインシュタインが1946年に考案した。

光子は質量を持たないので、質量を持った粒子のエネルギーや運動量の定義は使えない。ただし、光子は電磁波として、波長λと振動数νを持つので、それらを用いて、エネルギーや運動量を定めることができる。なお、波長がλで振動数がνの光子の速度（真空中）は、常に光速度cであった：

$$\lambda\nu = c$$

◎光子のエネルギーと光電効果

　まず光子のエネルギーは光子（電磁波）の振動数νに比例し、

$$E = h\nu$$

と表される。ここでhは**プランク定数**と呼ばれる定数である。

　光があるエネルギーを持った粒子として振る舞うことは、もともとはプランクが仮説として仮定した（**エネルギー量子仮説**）。その後、アインシュタインが光子は実在すると考えた（**光量子仮説**）。そして**光電効果**などの説明を行い、実験で検証されて、上記のように表される光子のエネルギーも確認された。

　ここで光電効果というのは、金属の表面に光を当てると電子が飛び出す現象で、19世紀末から知られていたものだ。

　金属中には多数の電子が存在しているので、強い光を当てれば、光に弾き飛ばされた電子が出てくることは不思議ではない。実際、光源が「紫外線を放射する」石英ガラスランプだと弱い光でも電子が放出される。ところが、光源が「赤色の光線を放射する」赤色ランプではランプの光をどれだけ強くしても電子は放出されない。しかし、光が波動だという古典論で考えれば、波長が長くてエネルギーが低い光でも、長時間当てれば波のエネルギーが溜まるので、電子が飛び出せるはずだ。

　さらに、波長が短くてエネルギーが高い光ほど、飛び出てくる電子のエネルギーも高くなる。光の強さ（光の量）が弱くても、波長が短い光ほど電子のエネルギーは高くなるのだ。これも古典論では不可思議だ。光が波

ならば、光の量が弱くなれば、エネルギーも小さくなるはずだ。

　光電効果は、物理量（光のエネルギー）が連続であるという古典的な描像では、決して理解できないものだった。

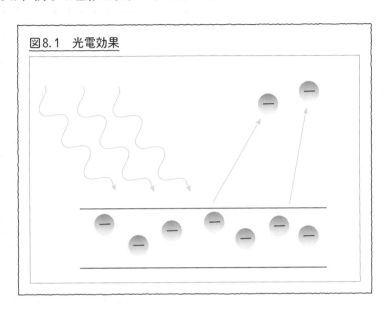

図8.1　光電効果

　この光電効果を見事に説明したのが、アインシュタインの光量子仮説だ。

　まず、マックス・プランクが、熱放射の性質を説明するため、光はその振動数に比例するエネルギーをもつと仮定していた。そしてエネルギーの最小単位として、「（エネルギー）量子」という仮説を導入していた。アインシュタインはプランクの仮説をさらに強力に押し進め、実際に光が跳び跳びのエネルギーをもった塊（「光量子」）として振る舞い、空間を伝播すると主張した。この光の量子を、こんにち単に「光子」と呼ぶ。

　光量子の概念を受け入れれば、光電効果の謎は容易に解決できる。

　金属に入射してきた光が、金属の外部に電子を叩き出すためには、ある最低限のエネルギーが必要だと考えられる。紫外線のようにエネルギーの高い光なら電子を放出させることができるが、赤外線のようにエネルギーの低い光だと、どれだけ大量に当てても電子を叩き出すことはできないのだ。また光が強ければ光子の数も多いので、叩き出される電子の数も増え

るのである。

　なお、光子が振動数に比例するエネルギーを持った粒子として振る舞う
という事実は、身の周りでも具体例がある。たとえば、「星の光が見える」
ということがまさにそうなのだ。星の光は非常に微弱なので、古典的な描
像では視細胞で光化学反応を引き起こすことはできない。しかし可視光の
振動数に応じたエネルギーを持った塊として飛来するため、視細胞内の光
受容色素ロドプシンを活性化させ光化学反応を起こすことが可能になるの
だ。他の例としては、紫外線による日焼けやX線による被曝もある。可視
光をいくら浴びても日焼けしないが、可視光より波長の短い（振動数の多
い）紫外線は、同時にエネルギーも高いため、皮膚に日焼けを引き起こす。
さらに可視光の1000倍くらい振動数の多い（エネルギーの高い）X線を浴
びると、細胞や遺伝子が損傷するほどにもなる。

　これらの身の周りの例を思い浮かべれば、電磁波（光子）は振動数に比
例するエネルギーを持つことが、より実感できるかと思う。

◎光子の運動量とコンプトン効果

　つぎに、光子の運動量は光子（電磁波）の波長λに反比例し、

$$p = \frac{h}{\lambda}$$

で表される。こちらの方も、**コンプトン効果**と呼ばれる現象などの説明を
可能にし、実験で検証されて、たしかに光子の運動量が上記のように表さ
れることが確認された。

　ここでコンプトン効果というのは、波長λのX線を物体に照射したとき
に、物体内部の電子で散乱されて出てきたX線の波長λ'が、入射X線の波
長λより長くなる現象である。アインシュタインの光量子仮説を証明する
ために、アーサー・コンプトンが1922年に行った実験で示された効果で
ある。

　このコンプトン効果の性質は、エネルギー$h\nu$と運動量h/λを持った光
子が物体内部で静止している電子に衝突して電子を弾き飛ばし（光子自身
も散乱される）、その際、衝突の前後で全体のエネルギーと運動量が保存

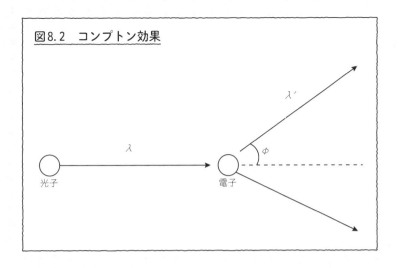

図8.2　コンプトン効果

λ′

φ

λ

光子　　　　　　　　　　　　　　　電子

されるとすれば、見事に説明がつくのである。

　なお、光子が（波長に反比例する）運動量を持つことは、身の周りでは
あまり実例はない。しかし、宇宙にまで目を向ければ、たとえば彗星の見
事な尾は太陽光の光子が彗星周辺の細かな塵を吹き飛ばしてできるものが
主体だ。あるいは、ブラックホール周辺の高温ガスからの強烈な放射に
よって、ガスの一部が吹き飛ばされてできたブラックホールジェットなど
も存在する。

◎まとめると

　以上、もう一度まとめると、プランク定数を h として、光子のエネル
ギー E と運動量 p は、それぞれ、

$$E = h\nu$$
$$p = \frac{h}{\lambda}$$

と表される。

　なお、$E = h\nu$ を $h = E/\nu$ と変形し、運動量の式に入れると、

$$p = \frac{E}{\lambda\nu}$$

と変形できる。さらに、$\lambda\nu = c$ の関係を使うと、結局、光子の運動量 p とエネルギー E の間には、

$$p = \frac{E}{c}$$

という関係が成り立っていることがわかる。

2 アインシュタインの式の証明

質量 M の物体が静止しており、そこに左右から同じエネルギー E をもった光子が2個（左から1個、右から1個）飛来して、物体が2個の光子を同時に吸収する事象を、静止系と運動系から観測する状況を、思考実験する。

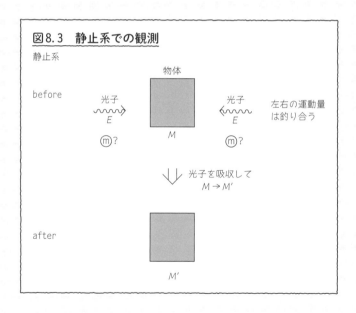

図8.3　静止系での観測

◎静止系で考える

まず静止系で観測した状況から考えてみよう。

左右から飛来する光子は、それぞれ、エネルギー E と運動量 p ($= E/c$)

と、そしてもしかしたら、エネルギーと等価な質量 m を持っている。

　左右から飛来した光子のエネルギーが同じ（運動量も同じ）で、物体に同時に吸収されたなら、光子のエネルギーは物体のエネルギーを増加させ、光子の運動量は物体に力を加える。ただし、光子が持っていた運動量は、左から物体に当たった光子は右向きに力を加え、右から物体に当たった光子は左向きに力を加えるので、相殺されて、物体は動かない。一方、光子のエネルギーは物体に吸収されて、物体のエネルギー状態は何らかの変化をするはずだが、この思考実験では物体の内部エネルギー（熱エネルギー）は考えていないので、変化するとしたら質量しかない。すなわち、光子を吸収した物体の質量はわずかに変化して、M' になったと仮定しよう。物体は静止したままである。

　では、以上の状況に対して、基本的な保存則を適用してみる。

　先にも書いたように物体は静止しており、光子の運動量は相殺するので、吸収の前も後も全系の運動量は 0 で、吸収前後の運動量保存に関しては、$0 = 0$ となる。

　一方、質量保存に関しては、吸収の前には、物体の質量 M と光子が

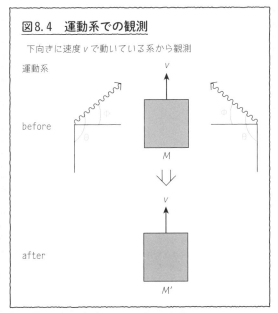

図8.4　運動系での観測

下向きに速度 v で動いている系から観測

運動系

before

v

M

after

v

M'

持っているかもしれない等価な質量 m（2個の光子があるので合わせて $2m$）があり、吸収の後には、光子の吸収によって物体の変化しただろう質量 M' があるので、

$$M + 2m = M' \cdots\cdots\cdots ①$$

が成り立つ必要がある。

◎運動系で観測する

　次に、同じ事象を下向きに速度 v で動いている運動系から観測する状況を考えてみる。運動系から観測すると、当然ながら、物体も光子もすべての観測対象は、上向きに速度 v で動いているように観測されるだろう。

　運動系からの観測では運動量は 0 ではない。対象それぞれは上向きの運動成分を持つので、上向きの運動量を持つ。たとえば、物体の運動量に関しては、光子を吸収する前は、質量 M の物体が上向きに速度 v で動いているので、

上向きの運動量： Mv

を持っている。光子を吸収した後は、質量 M' の物体が上向きに速度 v で動いているので、

上向きの運動量： $M'v$

を持っていることになる。物体の運動量は変化しているわけだが、その差額は光子が支払わなければならない。

　ここで光子の運動をもう少していねいに見てみる。静止系では真横から飛来する光子は、下向きに速度 v で動いている運動系からは、光行差のために、観測者の運動方向前方から、すなわち物体の運動に対しては、少し上向きに飛来してくるように見える。その結果、上向きの運動量成分を持つことになる。

　少し上向きに斜めから光速度 c で飛来した光子は、やはり斜めの方向に運動量 p を持っている。この運動量 p の上向きの割合は、単純な三角比から、v/c となる。

　以上より、光子の運動量について評価すると、

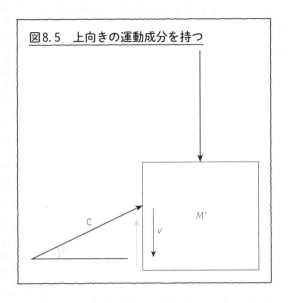

図8.5　上向きの運動成分を持つ

1個の光子の運動量　$p = \dfrac{E}{c}$

上向きの成分の割合　$\dfrac{v}{c}$

1個の光子の運動量の上向きの量　$p \times \dfrac{v}{c}$

2個の光子が持つ上向きの運動量　$2 \times p \times \dfrac{v}{c} = 2 \times \dfrac{E}{c} \times \dfrac{v}{c}$

　したがって、運動系で観測した吸収前後での運動量保存の関係は、

$$Mv + 2\,\frac{E}{c}\,\frac{v}{c} = M'v$$

となる。あるいは、両辺を速度 v で割って、

$$M + 2\,\frac{E}{c^2} = M' \cdots\cdots ②$$

が得られる。

◎静止系と運動系を比較する

　では、最後に、静止系で得られた①式と、運動系で得られた②式を比べてみよう。両方が同時に成り立つためには、左辺の第2項が等しくなけれ

ばならない。すなわち、

$$m = \frac{E}{c^2} \quad \text{あるいは} \quad E = mc^2$$

が証明できた。

　使ったのは、観測者の相対性、光速度不変の原理、光行差、質量保存の法則および運動量保存の法則という基本法則だけである。

　さて、第7章までに大量の式が出てきたのと比較して、最後の導出はいささかあっけなかったかもしれない。しかし、第7章までに、静止系と運動系の違い、お互いを観測するときの見え方の違い、そして光速など不変量の存在が、言葉や数式で何度も繰り返し出てきたはずである。その上での、あっけない結末だったということだ。言い換えれば、これらの基礎概念がしっかり理解できれば、$E = mc^2$ を含む特殊相対性理論はほぼマスターしたという自信を持っていいだろう。

　特殊相対論の範囲だけでもまだまだおもしろい現象はたくさんあるので、さらにチャレンジしていただきたい。

【参考文献（入門書、教科書など）】

・ディヴィッド・ボダニス、『$E=mc^2$——世界一有名な方程式の「伝記」』
（ハヤカワ文庫 NF）、2010 年
・吉田伸夫、『完全独習相対性理論』（講談社）、2016 年
・山田克哉、『$E=mc^2$ のからくり』（講談社）、2018 年
・福江　純、『「超」入門　相対性理論』（講談社）、2019 年
・須藤　靖、『一般相対論入門』（東京大学出版会）、2019 年

福江 純（ふくえ・じゅん）氏プロフィル

1956 年生まれ。1978 年、京都大学理学部卒業。1983 年、同大学大学院（宇宙物理学専攻）を修了。現在は、大阪教育大学天文学研究室教授。理学博士。専門は相対論的宇宙流体力学、とくにブラックホール降着円盤と宇宙ジェット現象。学部生・院生時代は加藤正二に師事。熱心な SF、アニメファンとしても有名で、SF アニメや SF 小説のアイデアを天文学の立場から考察した著書も多数ある。

著書は、『よくわかる相対性理論』（日本実業出版社）、『ぼくってアインシュタイン』(全 4 巻、岩波書店)、『アインシュタインの宿題』(大和書房)、文庫版:『アインシュタインの宿題』（光文社文庫）、『となりのアインシュタイン』（PHP エディターズグループ）、『SF アニメを科楽する』（日本評論社）など多数。

文系編集者がわかるまで書き直した

世界一有名な数式「$E = mc^2$」を証明する

2020 年 7 月 30 日　初版第 1 刷発行

著　者 —— 福江 純
　　　　　　ⓒ2020　Jun Fukue
発行者 —— 張 士洛
発行所 —— 日本能率協会マネジメントセンター

〒 103-6009 東京都中央区日本橋 2-7-1 東京日本橋タワー
TEL　03（6362）4339（編集）/03（6362）4558（販売）
FAX　03（3272）8128（編集）/03（3272）8127（販売）
http://www.jmam.co.jp/

装丁・本文デザイン — 岩泉 卓屋
本文 DTP ———— 創栄図書印刷株式会社
イラスト ————HATO
印　刷　所 ———— シナノ書籍印刷株式会社
製　本　所 ———— 株式会社新寿堂

ISBN 978-4-8207-2833-7 C3042
落丁・乱丁はおとりかえします。
PRINTED IN JAPAN